流体力学

FLUID MECHANICS

肖国权　侯普秀　编

·广州·

内容简介

本书从内容上可以分为流体力学的基本理论和在工程领域的应用，包括流体的物理性质、流体静力学、流体运动的基本方程、实际流体管内流动、相似理论与量纲分析、汽车空气动力学基础及应用等内容。

本书可以作为车辆工程、机械工程、安全工程、机械电子工程、过程装备与控制工程、材料成型及控制工程等专业的基础课程教材，也可供相关专业技术人员参考。

图书在版编目(CIP)数据

流体力学/肖国权，侯普秀编．—广州：华南理工大学出版社，2023.12
ISBN 978－7－5623－7481－7

Ⅰ．①流…　Ⅱ．①肖…②侯…　Ⅲ．①流体力学　Ⅳ．①O35

中国国家版本馆 CIP 数据核字(2023)第 216920 号

流体力学
肖国权　侯普秀　编

出 版 人：柯　宁
出版发行：华南理工大学出版社
（广州五山华南理工大学 17 号楼，邮编 510640）
http://hg.cb.scut.edu.cn　E-mail：scutc13@scut.edu.cn
营销部电话：020－87113487　87111048（传真）
策划编辑：吴翠微
责任编辑：同浩泽　欧建岸
责任校对：王洪霞
印 刷 者：广州小明数码印刷有限公司
开　　本：787mm×960mm　1/16　印张：10　字数：208 千
版　　次：2023 年 12 月第 1 版　印次：2023 年 12 月第 1 次印刷
定　　价：39.00 元

前　言

流体力学突出的特点是概念抽象，对高等数学基础要求高，正所谓“难者不会，会者不难”。为了适应我国高等教育从精英化向大众化转型及基础课程减少学时的教学改革需要，借鉴和学习国内外同类教材，结合多年来流体力学教学和工程应用经验而编写本教材，让学生贴合实际生活理解流体力学概念，结合工程案例突破流体工程应用难点。

本教材前5章主要是流体力学的基本内容，即流体的物理性质、流体静力学、流体运动的基本方程、实际流体管内流动、相似理论与量纲分析等，体系完备、精练，同时贴近实际生活，使抽象概念形象化、简单化，做到通俗易懂、深入浅出；第6章为汽车空气动力学基础及应用，是车辆工程等专业学生培养所要求的专题内容，融入了汽车空气动力学和整车热管理的CFD工程应用案例，同时通过CFD大作业与虚拟风洞试验分析汽车空气动力学阻力，激发学生运用汽车空气动力学的基本理论解决工程实际问题。

本教材第1～3章由侯普秀编写，第4～6章由肖国权编写。

本教材部分内容和习题引自国内外出版的有关著作，编者在此谨向这些作者表示感谢！

由于编者水平所限，缺点错误在所难免，恳请读者批评指正。

编　者

2023年9月

常用符号表

1. 英文字母符号

符号	名称	单位	符号	名称	单位
A	面积	m^2	M	力矩、转矩、力偶矩	N·m
a	加速度	m/s^2	Ma	马赫数	
c	声速	m/s	m	质量	kg
C	常数		n	物质的量	mol
				旋转速度、旋转频率	s^{-1}，r/min
C_τ	摩擦阻力系数		P	功率	W
C_p	压力系数、压强阻力系数		p	动量	kg·m/s
C_l	二维升力系数			压强	Pa
C_L	三维升力系数		q	流量	m^3/s
C_d	二维阻力系数		q_m	质量流量	kg/s
C_D	三维阻力系数		q_V	体积流量	m^3/s
c_p	比定压热容	J/（kg·K）	R	水力半径	m
c_V	比定容热容	J/（kg·K）		理想气体常数	J/(mol·K)
D	阻力	N	R，r	半径	m
D，d	直径	m	Re	雷诺数	
E	能量	J	S	面积	m^2
	弹性模量	Pa		熵	J/K
Eu	欧拉数		Sr	斯特劳哈尔数	
e	比能	J/kg	s	比熵	J/(kg·K)
F	力	N		弧长	m
Fr	弗劳德数		T	周期	s
f	单位质量力	N/kg		热力学温度	K
	频率	Hz	t	摄氏温度	℃
G	重力	N		时间	s

续表

符号	名称	单位	符号	名称	单位
g	重力加速度	m/s^2	L	升力	N
H	焓	J	L，l	长度	m
H，h	水头（能头）、水深	m	U	质量力势函数	m^2/s^2
h	比焓	J/kg		热力学能	J
h_f	沿程损失	m	u	比热力学能	J/kg
h_j	局部损失	m	V	体积	m^3，L
h_w	总水头损失	m	v	速度	m/s
I	惯性矩	m^4		比体积（比容）	m^3/kg
J	转动惯量	$kg \cdot m^2$	W	功	J
K	体积模量	Pa	z	位置水头	m
	比例系数				

2. 希腊字母符号

符号	名称	单位	符号	名称	单位
α	动能修正系数			马赫角	（°）
	冲角	（°）		动力黏度	Pa · s
α_V	体积膨胀系数	K^{-1}	ν	运动黏度	m^2/s
β	体积压缩系数	Pa^{-1}	ρ	密度	kg/m^3
Δ	绝对粗糙度	m	τ	切应力	N/m^2
ξ	局部阻力系数		φ	流速系数	
η	效率		χ	湿周	m
θ	接触角	（°）	ω	角速度	s^{-1}，rad/s
κ	等熵指数		σ	表面张力系数	N/m
λ	沿程阻力系数		π	圆周率	
μ	流量系数				

3. 下标符号

下标符号	含义	下标符号	含义
n	法向的	x，y，z	直角坐标
τ	切向的	r，θ，z	柱坐标
s	沿弧长的	R，θ，β	球坐标

目　　录

1 绪论

流体力学是力学的重要分支，主要研究流体平衡以及运动的规律。流体具有易流动性，即流体在微小剪切力作用下会发生持续形变，而固体在一定的剪切力作用下，只会发生有限程度的形变。常见的物质如水、空气、油等均是流体。

1.1 连续介质假设

从微观上来看，流体是由大量的分子组成的，这些分子总是在做无规则运动。由于分子之间存在间隙，因此流体分子在空间上是不连续的；此外由于分子运动的随机性，流体在时间上也是不连续的。从理论上来说，精确描述流体的状态需要描述每一个分子的运动状态，但是在实际应用中，这是不可能的。

流体力学研究的是流体平衡以及运动的宏观规律，所涉及的物理量是大量分子的平均统计特性。在大多数情况下，流体分子的平均自由程相对于流体力学研究的一般尺度而言足够小(例如，在一般情况下，气体分子的平均自由程量级为 10^{-8}m)，因此人们提出流体质点(也称为流体微团)的概念。流体质点在微观上足够大，宏观上足够小。由于在微观上足够大，包含足够多的流体分子，因此个别分子的异常行为不会影响总体的统计特性；由于在宏观上足够小，因此流体质点的平均物理量是均匀的。流体质点的形状可以任意划定，因此流体质点与流体质点之间没有间隙。

有了这一概念之后，就可以将流体看作是由无数流体质点组成的连续介质，流体质点之间不存在空隙。空间上每个点在任意时刻都具有确定的物理量，这些物理量一般来说是空间坐标与时间的连续函数，从而可以利用微积分来处理流体力学问题。

需要指出的是，在某些特定情况下，所研究问题的特征尺度可以与分子平均自由程相比拟，连续介质的概念将不再适用。例如稀薄气体的分子间距离足够大，因此其平均自由程也足够大，能够与其中运动物体(如火箭等)的特征尺度相比较，此时虽然能获得平均值稳定的分子团，但此时的分子团足够大，显然无法作为质点处理；激波的厚度只有分子平均自由程的数倍，因此其中的流体也不适宜作为连续介质处理。

1.2 流体的物理性质

研究流体平衡与运动的规律必然会涉及流体的物理性质。在连续介质假设的前提下，流体的物理性质是时间与空间的单值连续可微函数。

1.2.1 质量与密度

质量是物质的基本属性，可以用于衡量物质惯性的大小。根据牛顿第二定律，质量越大的物体运动状态越难以改变，其惯性也就越大。

单位体积的流体所具有的质量称为密度，用符号 ρ 表示，单位为 kg/m^3。假定包含空间某点的体积为 ΔV，其中所包含流体的质量为 Δm，则该点流体的密度为：

$$\rho = \lim_{\Delta V \to 0} \frac{\Delta m}{\Delta V} = \frac{dm}{dV} \tag{1-1}$$

需要指出的是，此处的 $\Delta V \to 0$，应该理解为体积趋于无穷小的流体质点，其体积相对于所研究问题的特征尺度而言足够小，但是其中包含了足够多的流体分子，从而可以得到其平均质量。

密度的倒数称为比容，或比体积，其含义为单位质量的流体所占据的体积，用符号 v 表示，单位为 m^3/kg，根据定义有：

$$v = \frac{1}{\rho} \tag{1-2}$$

1.2.2 压缩性与膨胀性

当作用在流体上的压强变化时，流体的体积与密度也会相应地变化，这一现象称为流体的压缩性，可以用体积压缩系数 β 或者体积模量 K 表示。

当温度不变时，体积的相对变化量与压强变化量之比就是体积压缩系数：

$$\beta = -\frac{\Delta V/V}{\Delta p} \tag{1-3}$$

当压强增加时，流体的体积必然缩小，二者的变化量为异号，因此在前面加一负号使得体积压缩系数为正值，体积压缩系数的单位为 m^2/N。

体积压缩系数的倒数就是体积模量，其单位为 Pa：

$$K = \frac{1}{\beta} = -\frac{\Delta p}{\Delta V/V} \tag{1-4}$$

压强不变的条件下，流体的体积会随着温度的变化而变化，这一特性称作体积膨胀性，用体积膨胀系数 α 表示，其单位为1/K：

$$\alpha = \frac{\Delta V/V}{\Delta T} \tag{1-5}$$

当压强不变而温度升高时，大多数流体的体积随之膨胀，因此式(1－5)前没有负号。

理论上讲，任何流体都可以被压缩，区别在于可压缩的程度不同。水的可压缩性较小，一般来说，压力增加1MPa，其体积的相对变化量不到1/1000，其他液体的可压缩性一般也比较小；而气体的可压缩性则比较明显，理想气体进行等温压缩时，其体积模量为 p，也就是说理想气体压强越低，越容易被压缩。因此在工程上通常将液体视为不可压缩流体，使问题大大简化，而由此带来的误差基本可以忽略不计。但是，在处理诸如水击之类的问题时，流体的可压缩性不能忽视，必须将其作为可压缩流体处理。

对于气体而言，在压强不太大、温度不太低的情况下，通常可以作为理想气体来处理。理想气体的温度、压强以及体积的关系为：

$$pV = nRT \tag{1-6}$$

式中，p 为气体的压强，单位为Pa；V 为气体的体积，单位为 m^3；T 为气体的热力学温度，单位为K；n 为气体的物质的量，单位为mol；R 为理想气体常数，其值为8.31 J/(mol·K)。

对于气体而言，其压缩性表现得比较明显，应该将其作为可压缩流体处理。但是，当流体的速度比较低(小于0.3倍当地音速)时，将其作为不可压缩流体处理得到的结果也可以满足实际工程的需求。

1.2.3 黏性

实际流体都具有黏性，黏性是流体的固有属性。所谓黏性，就是指流体微团在发生相对位移时产生切向阻力这一性质。黏性的作用表现在阻碍流体内部的相对滑动，这一作用可以延缓相对滑动而不能将其消除。此外需要注意的是黏性只有在流体运动时才会表现出来，静止流体不呈现黏性。

牛顿通过大量的实验，总结出了牛顿黏性定律。实验如图1－1所示，两块平行的平板间充满了某种流体，下方的平板固定不动，上方的平板以速度 u 匀速运动。为了保持上方平板的速度，必须对其施加

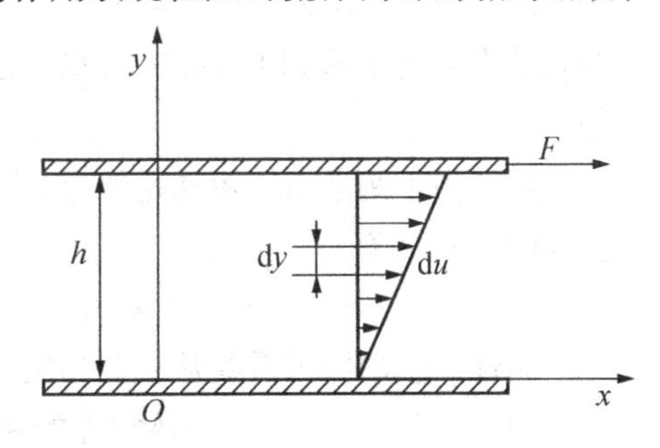

图1－1 流体内摩擦实验

一个不变的力 F，这一事实说明必然存在某个力阻碍平板的运动，这个力就是黏性力。

实验表明当两块平板间距离足够小时，两平板间流体的速度呈线性变化，与上方平板紧密接触的流体速度为 u，与下方平板接触的流体速度为0，其余流体分层做平行于平板的运动。

实验表明力 F 与接触面积 A 与速度 u 成正比，与平板间距离 h 成反比，据此可以得到如下的方程式：

$$F = \mu Au/h \tag{1-7}$$

式中，系数 μ 称为流体的动力黏度，简称黏度，其单位为 Pa · s，其值的大小与流体的种类、温度以及压力有关。

取距离为 $\mathrm{d}y$ 的两个流体层，其速度差为 $\mathrm{d}u$，由式(1-7)可得：

$$F = \mu A \frac{\mathrm{d}u}{\mathrm{d}y} \tag{1-8}$$

式中，$\frac{\mathrm{d}u}{\mathrm{d}y}$ 为垂直于速度方向的单位长度上速度的变化量，即速度梯度。

单位面积上的切向力称为切应力，单位为 Pa：

$$\tau = \mu \frac{\mathrm{d}u}{\mathrm{d}y} \tag{1-9}$$

式(1-7)至式(1-9)称作牛顿内摩擦定律。

需要注意的是，当两平板间距离比较大时，平板间流体的速度分布不再是线性的，此时式(1-7)不再适用，但式(1-8)、式(1-9)仍然适用。

流体黏度常见的表示方法有两种，一种是上面提到的动力黏度，理论分析与工程计算中常用的另一种黏度是运动黏度 ν，其定义为 $\nu = \mu/\rho$，单位为 $\mathrm{m^2/s}$。

【例1-1】 一可动平板与固定平板之间充满了某种油，其动力黏度为 7.2×10^{-3} Pa · s，两平板之间的距离为 0.5mm，固定平板足够大，可动平板面积为 $0.05\mathrm{m^2}$，若要使得可动平板以 0.2m/s 的水平速度做定向运动，需要在可动平板上施加多大的力？

解：由于两平板间距离足够近，可以认为二者之间的流体速度呈线性分布，则根据式(1-7)，有：

$$F = \mu Au/h = 7.2 \times 10^{-3} \times 0.05 \times 0.2/(0.5 \times 10^{-3})\,\mathrm{N} = 0.144\mathrm{N}$$

黏性产生的原因需要从微观角度加以解释，其来源主要有两个方面：

(1)分子间引力。当流体相邻的两层发生相对运动时，必然会破坏原来的平衡状态，使得相邻两层的分子间距离变化，间距的变化使得分子间引力表现出来，具体来说就是快速运动的分子层带动慢速运动的分子层运动，而慢速运动的分子层则阻碍快速层的运动。

(2)不同层之间的动量交换。当流体运动时，分子同时在做无规则运动，总会有分子从一层跳到另一层，由于不同层之间速度不同，这种跳跃必然带来动量的交换，快速层到慢速层的分子使得慢速层被加速，慢速层到快速层的分子使得快速层被减速。

流体的黏性是上述两个因素的综合表现。对于液体而言，分子间距离远小于气体，因此分子间引力比气体大很多，这也是液体黏性的主要来源；对于气体而言，分子间距离大约为液体的1000倍，黏性的主要原因是不同流层间分子的动量交换。

流体的温度与压强对于黏度都有影响，但温度对流体黏性的影响比较明显。液体的黏度随温度的上升而减小，气体的黏性随温度的增加而增加(表1－1、表1－2)。究其原因，当温度升高时液体分子间距离增加，引力减小，由于分子间引力是液体黏性的主要来源，因此黏度减小；当温度升高时，分子运动变得剧烈，不同层之间的动量交换也随之加剧，由于气体黏性主要来源不同层间的动量交换，因此表现为黏度增加。

表1－1 水的黏度随温度变化($p=101\,325$ Pa)

温度 t/℃	动力黏度 μ/(10^{-6}Pa·s)	温度 t/℃	动力黏度 μ/(10^{-6}Pa·s)	温度 t/℃	动力黏度 μ/(10^{-6}Pa·s)
0	1750.0	100	12.1	200	16.2
10	1300.0	110	12.5	210	16.6
20	1000.0	120	12.9	220	17.0
30	797.0	130	13.3	230	17.4
40	651.0	140	13.7	240	17.8
50	544.0	150	14.2	250	18.2
60	463.0	160	14.6	260	18.6
70	400.0	170	15.0	270	19.0
80	351.0	180	15.4	280	19.4
90	311.0	190	15.8	290	19.8

表 1－2　空气黏度随温度变化（$p = 101\,325$ Pa）

温度 t/℃	动力黏度 μ/(10^{-6}Pa·s)	温度 t/℃	动力黏度 μ/(10^{-6}Pa·s)	温度 t/℃	动力黏度 μ/(10^{-6}Pa·s)
-50	14.6	50	19.6	200	26.0
-40	15.2	60	20.1	250	27.4
-30	15.7	70	20.6	300	29.7
-20	16.2	80	21.1	350	31.4
-10	16.7	90	21.5	400	33.0
0	17.2	100	21.9	500	36.2
10	17.6	120	22.8	600	39.1
20	18.1	140	23.7	700	41.8
30	18.6	160	24.5	800	44.3
40	19.1	180	25.3	900	46.7

压强对流体黏度的影响相对较小，气体、液体均是如此，因此通常不需要考虑压强变化引起的黏度变化。只有当流体压强变化非常大的时候，才需要考虑压强对黏度的影响。例如，水压强从 0.1 MPa 增加到 10 GPa 时，其黏性大约会增加两倍。

凡是切应力与速度梯度满足牛顿内摩擦定律的流体都称作牛顿流体，而不符合牛顿内摩擦定律的称作非牛顿流体，如图 1－2 所示。常见的非牛顿流体有泥浆、石油、油漆、牙膏、血液等。非牛顿流体的行为较为复杂，本书只讨论牛顿流体，关于非牛顿流体的相关理论请参阅其他书籍。

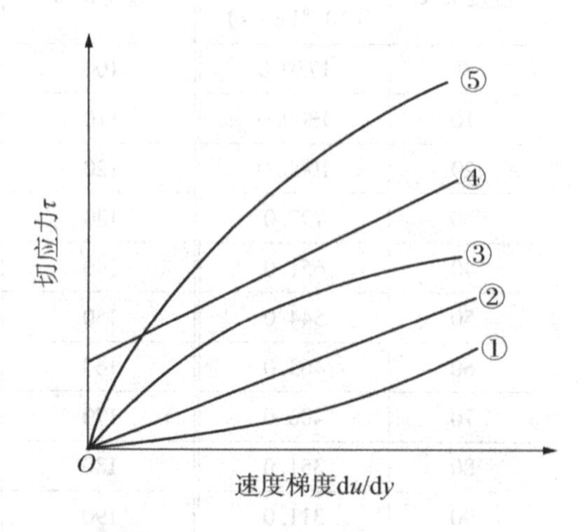

图 1－2　几种非牛顿流体的性质

①—膨胀性流体；②—牛顿流体；③—拟塑性流体；④—理想宾厄姆流体；⑤—塑性流体

1.2.4　表面张力

当存在气液界面时，液体表层的分子相对于内部分子而言较为稀疏，从而导致表面两侧分子引力不平衡，使得液体处于张紧状态，液体承受的这种拉伸力称为表面张力。

由于表面张力的存在，液体的表面总是呈张紧状态，空气中的自由液滴或者肥皂泡总是呈现球形。表面张力在一般的流动问题中影响很小，因此可以忽略不计，但是当考虑诸如毛细现象、浸润和非浸润现象时，表面张力是必须考虑的重要因素。图1－3是表面张力实验，在金属丝制成的环上系上由软丝线制成的环，然后一起浸入肥皂液中并取出，形成一层肥皂液薄膜，丝线圈此时呈现随机形状（图1－3a）；若用加热后的细针将中间的液膜刺破，丝线圈呈圆形（图1－3b）。此时线圈必然受到一个与液膜方向平行、与丝线垂直的力，这个力就是表面张力。表面张力的大小可以用单位长度上所受的力表示，称作表面张力系数σ，单位为N/m，其大小与液体的种类、温度以及表面接触情况有关。

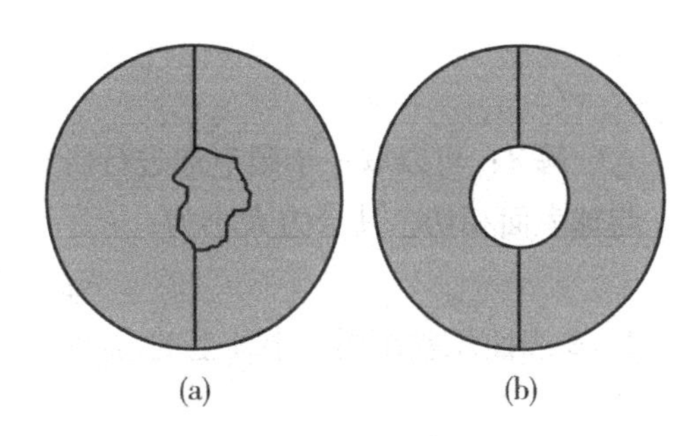

图1－3　表面张力实验

对于表面为曲面的情况，表面张力的存在将使得曲面两侧产生压力差，且凹陷一侧总是大于凸出的一侧，其压差大小为：

$$\Delta p = \sigma\left(\frac{1}{R_1} + \frac{1}{R_2}\right) \tag{1-10}$$

式中，R_1、R_2为弯曲面切法线对应的曲率半径。式(1－10)称作拉普拉斯公式，证明过程从略。对于球形液面，由于$R_1 = R_2$，因此有$\Delta p = \frac{2\sigma}{R}$；对于平面，由于有$R_1 = R_2 = \infty$，故$\Delta p = 0$。

【例1－2】　如图1－4所示为一球形肥皂泡，其表面张力系数为σ，由于很薄，认为内外液面的半径都为R，求液膜内外压差。

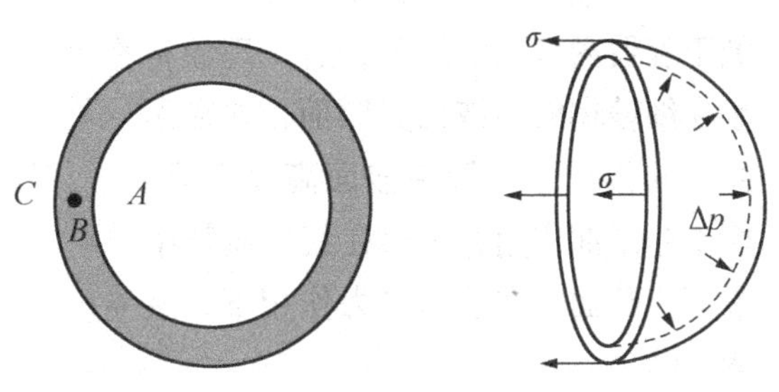

图1－4　例1－2

解1：液膜共有两层，分别为A、B交界面以及B、C交界面，由拉普拉斯公式：

$$p_A - p_B = \frac{2\sigma}{R},\ p_B - p_C = \frac{2\sigma}{R}$$

故：

$$p_A - p_C = \frac{4\sigma}{R}$$

解2：可以取一半肥皂泡进行研究，根据定义，表面张力的方向与圆 A、B 垂直，与球表面相切，其合力大小为：

$$F_\sigma = 2(2\pi R \cdot \sigma)$$

A、C 表面压差作用在半球上的力为：

$$F_p = \pi R^2 \cdot \Delta p$$

二者大小相等，方向相反，故：

$$\Delta p = p_A - p_C = \frac{4\sigma}{R}$$

1.2.5 毛细现象

液体与固体表面接触时，存在两种状况：液体在固体表面四散扩张，称作浸润；液体在固体表面收缩成团，称作非浸润。这种区分可以用液体与固体表面的接触角 θ 来表示，如图 1－5 所示。当 θ 为锐角时为浸润，当 θ 为钝角时为非浸润。常见的情况为水和水银与玻璃壁面接触，接触角分别为 0°和 140°，因此水可以四散扩张润湿玻璃，而水银则在玻璃表面收缩成团。

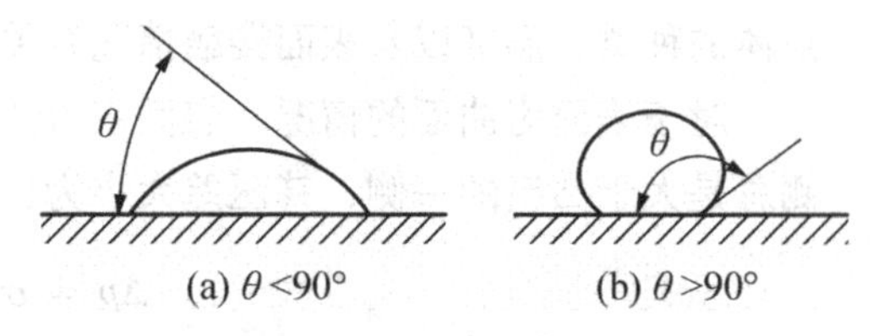

图 1－5　浸润与非浸润

将两端开口的细管插入液体，由于表面张力的作用，管中的液体会出现高于或者低于容器内液面的现象，这一现象称作毛细现象，如图 1－6 所示。由于浸润作用，水在细玻璃管中液面为凹面，在表面张力的作用下，管中液面高度上升；由于非浸润作用，水银在细玻璃管中液面为凸面，在表面张力作用下，液面下降。

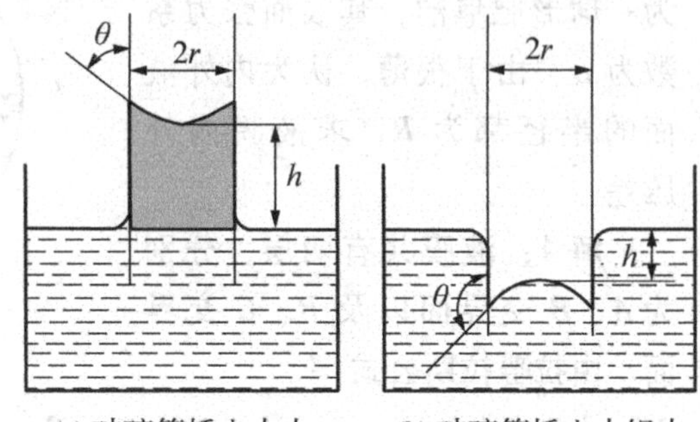

图 1－6　毛细现象

毛细管内外的液面高度差与表面张力有关。如图 1－6a 所示，取上升段高度为 h 的液柱作为研究对象，分析其在垂直方向的受力。由于毛细管与容器连通，因此在与容器液面相同的高度上其压强为大气压力 p_0，该压强在液柱上产生的力与上方的大气压力平衡。此外液柱还受到重力与表面张力作用，重力的大小为：

$$F_G = \pi r^2 h\rho g$$

液柱曲面与毛细管的交线为一圆周，表面张力大小为 $F_\sigma = 2\pi r\sigma$，其垂直方向的分量大小为：

$$F_{\sigma\perp} = 2\pi r\sigma \cdot \cos\theta$$

由于这两个力平衡，因此有：

$$h = \frac{2\sigma\cos\theta}{\rho g r} \tag{1-11}$$

在推导式(1－11)时，忽略了弯曲液面处液体的重力，因此得到的值略高于实际值，并且这种差别随着玻璃管管径的增加而增加。

由式(1－11)可知，玻璃管直径越大，液体上升高度越低。对于水－玻璃面，当 $d>15$ mm 时，毛细作用可以忽略不计；对于水银－玻璃面，当 $d>12$ mm 时，毛细作用可以忽略不计。工程应用中，通常要求测压管直径大于 10 mm，以减少毛细现象的影响。

1.3 作用在流体上的力

流体无论是处于平衡状态还是运动状态，都是力作用的结果。作用在流体上的力可以分为两类：表面力和质量力。

1.3.1 表面力

作用在流体表面，与流体表面积大小成正比的力称作表面力，作用在单位表面积上的表面力称作应力。应力可以分解为表面法线方向和与表面平行方向的应力，表面法线方向的应力称为正应力，与表面平行方向的应力称作切应力。

表面力包括：①黏性力，即实际流体各部分做相对运动时产生的力；②压力，即流体内部的斥力，由分子间作用力引起；③表面张力，即不相混合的流体由于分子引力不同在分界面产生的力；④附着力，即由于分子引力不同，流体和固体分子在接触面产生的力。

1.3.2 质量力

质量力又称作体积力，作用在每一个流体质点上，大小与流体所具有的质量成正比。地球上流体受到的质量力包括重力、惯性力以及电磁力等。

在体积为 V 的流体中取一体积为 ΔV 的微元，作用在该微元体上的质量力为 $\Delta \boldsymbol{F}$，定义单位质量力：

$$\boldsymbol{f} = \lim_{\Delta V \to 0} \frac{\Delta \boldsymbol{F}}{\Delta m} \tag{1-12}$$

根据牛顿第二定律：

$$\Delta \boldsymbol{F} = \Delta m \cdot \boldsymbol{a} \tag{1-13}$$

式中，$\boldsymbol{a}$ 为流体的加速度。

对比两式可知单位质量力在数值上等于流体的加速度，在直角坐标系中单位质量力可表示为：

$$\boldsymbol{f} = \boldsymbol{i}f_x + \boldsymbol{j}f_y + \boldsymbol{k}f_z \tag{1-14}$$

这时，质量为 m 的流体所受的质量力为：

$$\boldsymbol{F} = m\boldsymbol{f} \tag{1-15}$$

1.4　流体力学的研究方法

目前，解决流体力学问题的方法主要有三类：实验研究、理论分析以及数值计算。

实验研究主要有原型观测法和模型实验方法。原型观测法直接观测工程中或者自然界的全尺寸流动情况，总结规律并预测流动现象的演变，例如对天气的观测和预测。缺点在于流动现象的发生几乎不可控制，很难重复观测同一条件下的流动现象，影响对规律的总结。此外，这种观测往往会花费大量的人力、物力。模型实验方法通常是在实验室内，将要研究的对象按照一定的比例缩小或者放大做模拟实验。这种方法可以人为控制各种参量，对各种流动现象进行重复观测。此外还可以模拟自然界中很少出现的情况，观测自然界中很难发生的现象。但是要将模型的结果推广到原型中去，必须满足一定的条件，而这些条件很难同时满足甚至无法同时满足，因此模型实验的结果往往与实际情况存在一定的差异，此时只能尽量满足某些条件，然后在实际情况中验证或者修正实验结果。

理论分析利用普遍规律，例如质量守恒定律、动量定理、能量守恒定律等，利用数学工具研究流体的运动，解释已有现象并预测将要发生的结果。由于流体流动的复杂性，由理论分析得到的解析解很难解决工程中的实际问题，因此经常采用理论分析和实验研究相结合的方法。

近年来，随着计算机技术的不断发展，数值计算的方法已经形成了专门分支——计算流体力学。该方法综合运用系统理论和实验获得的结果，针对具体的流动问题建立对应的数学模型，然后通过计算机编程，在计算机上再现流体的流动情况，进而解决实际的工程问题或者科学问题。这一方法使得许多原来无法求得解析解的复杂流体力学问题有了求得数值解的可能性，可以部分或者完全代替某些实验，节约实验费用。现在市场上已经出现了一些比较成熟的计算流体力学软件，如 Fluent、CFX 等。这些软件的使用越来越广泛，本书将在后续章节专门讲述这一问题。

习 题

1－1 在 $T=25$ ℃，$p=10^5$ Pa 时，空气在等温和绝热等熵条件下的体积模量各自是多少？在等压条件下的体积膨胀系数是多少？已知空气绝热指数为1.4。

1－2 温度为70℃的水以 $50\,m^3/h$ 的体积流量进入加热锅炉，经加热后以 90 ℃的温度离开锅炉，若锅炉中水位保持不变，求离开锅炉热水的体积流量。

1－3 什么是流体的黏度？动力黏度和运动黏度有什么区别？

1－4 如图所示，利用液体的摩擦传递转矩，摩擦盘直径为 d，两盘之间的间隙为 δ，液体的黏度为 μ，总摩擦转矩为 T，主动轴和从动轴的角速度分别为 ω_1 和 ω_2，求 $\omega_1-\omega_2$，结果以 T、d、δ、μ 表示。

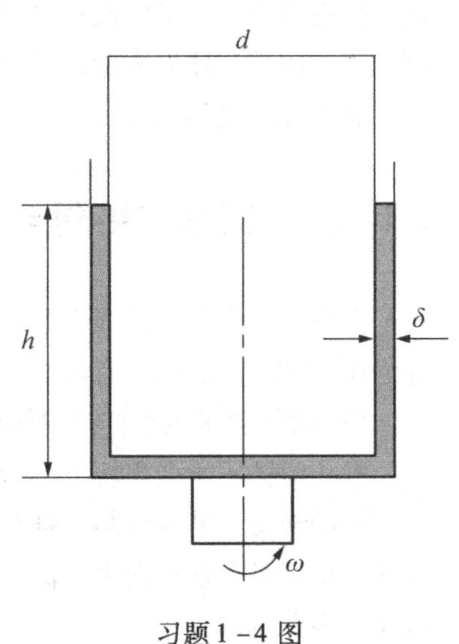

习题1－4 图

1－5 内径为 10 mm 的开口玻璃管垂直插入水中，求管中水的上升高度，已知表面张力系数为 $\sigma=0.0736$ N/m，水与玻璃管的接触角为10°。

2 流体静力学

流体静力学研究流体在静止状态下的平衡规律，是流体力学的一个重要分支。静止是指流体质点之间不存在相对运动，若流体相对于惯性坐标系静止，称为绝对静止；若流体相对于非惯性坐标系静止，称为相对静止。本章只研究惯性系中流体的平衡规律。

流体静力学所涉及的内容包括静止流体的压强分布、流体对物面的作用力、流体中物体的受力等内容。静止流体各部分之间不存在相对运动，黏性无法表现出来，因此不存在切应力；流体质点之间、流体质点与边界面之间的作用主要以压力的形式表现出来。因此流体静力学的核心问题就是根据平衡条件寻找流体的压强分布规律，进而确定流体对物面以及其中物体的作用力。

2.1 流体的静力平衡与静压强

流体静压强指的是惯性系中静止流体的压强，习惯上又称作流体静压力，简称流体静压。流体的静压强有两个主要特性：

(1)流体静压强垂直指向作用面。

静止流体不承受剪切力，否则将产生持续的形变。若流体静压强存在切向分量，也就是存在切向力，流体就不会静止，因此流体静压强必然平行于作用面法线方向。此外，静止流体几乎不可承受拉力，因此流体静压强必然指向作用面，或者说沿作用面内法线方向。

(2)流体静压强是一个标量。

如图 2－1 所示，静止流体微元 *ABCO* 的直角边长度分别为 dx、dy、dz，斜面 *ABC* 的法线 $\boldsymbol{n}$ 方向任意，四面体四个面的平均静压强分别为 p_x、

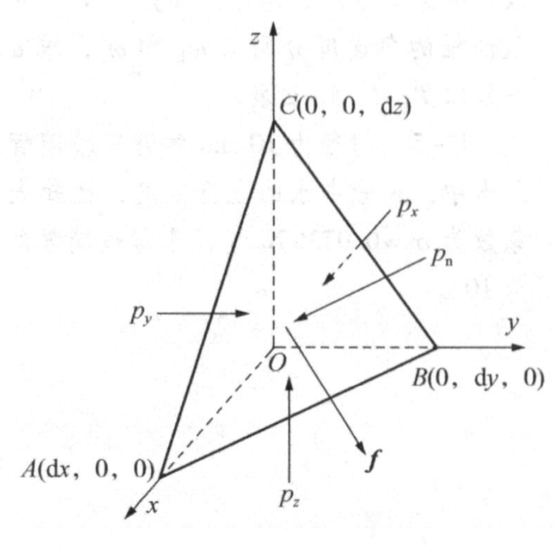

图 2－1 流体的静压强

p_y、p_z、p_n，在相应斜面上产生的总压力分别为 P_x、P_y、P_z，P_n，存在：

$$P_x = \frac{1}{2}p_x\mathrm{d}y\mathrm{d}z,\ P_y = \frac{1}{2}p_y\mathrm{d}z\mathrm{d}x\ ,\ P_z = \frac{1}{2}p_z\mathrm{d}x\mathrm{d}y,\ P_n = \frac{1}{2}p_n S_{ABC}$$

式中，S_{ABC}为斜面的面积。

设单位质量的流体受到的质量力为 $\boldsymbol{f} = \boldsymbol{i}f_x + \boldsymbol{j}f_y + \boldsymbol{k}f_z$，四面体的体积为$\frac{\mathrm{d}x\mathrm{d}y\mathrm{d}z}{6}$，则作用于微元 $ABCO$ 的总质量力为：

$$\boldsymbol{F} = (\boldsymbol{i}f_x + \boldsymbol{j}f_y + \boldsymbol{k}f_z)\rho\frac{\mathrm{d}x\mathrm{d}y\mathrm{d}z}{6}$$

在 x 方向，由于流体受力平衡，因此有：

$$\frac{1}{2}p_x\mathrm{d}y\mathrm{d}z - p_n S_{ABC}\cos\langle \boldsymbol{n},\ \boldsymbol{i}\rangle + \frac{1}{6}\rho\mathrm{d}x\mathrm{d}y\mathrm{d}zf_x = 0 \tag{2-1}$$

式中，$S_{ABC}\cos\langle \boldsymbol{n},\ \boldsymbol{i}\rangle$为斜面在 $y-z$ 坐标面的投影，显然其大小与三角形 OAC 面积相等，为$\frac{\mathrm{d}y\mathrm{d}z}{2}$，代入式(2－1)并在等式两边除以$\frac{\mathrm{d}y\mathrm{d}z}{2}$得：

$$p_x - p_n + \frac{1}{6}\rho\mathrm{d}xf_x = 0 \tag{2-2}$$

由于 $\mathrm{d}x$ 为微量，因此可以忽略式(2－2)中的最后一项，因此有：

$$p_x = p_n$$

同理，在 y 方向和 z 方向，存在：

$$p_y = p_n,\ p_z = p_n$$

因此可以得到：

$$p_x = p_y = p_z = p_n = p$$

由于斜面的方向任意确定，因此可以得到静止流体中某个点的压强与作用面方位无关，是一个标量。不同空间点的压强可以不同，流体的静压强是空间坐标的连续函数，在直角坐标系中有：

$$p = p(x,y,z)$$

2.2　静力平衡方程

忽略流体的表面张力和固体表面的附着力，则惯性系中作用在静止流体上的力只有静压力和质量力，根据力学平衡原理，二者的矢量和应该为零。

2.2.1 平衡方程

如图2-2所示，在静止流体中取一长方体微元并建立直角坐标系。长方体中心点 M 的坐标为(x, y, z)，该点的压强为$p(x, y, z)$，长方体各边的长度分别为 $\mathrm{d}x$、$\mathrm{d}y$ 以及 $\mathrm{d}z$，由于静压强为连续函数，因此长方体六个面的压强可以通过泰勒展开并舍去二阶以上微量求得，各个面的压强如图2-2所示。假定长方体的平均密度为ρ，作用于单位质量上的质量力在 x、y、z 三个方向的分量分别为f_x、f_y、f_z，由于流体静止，可以列出在 y 方向的力平衡方程：

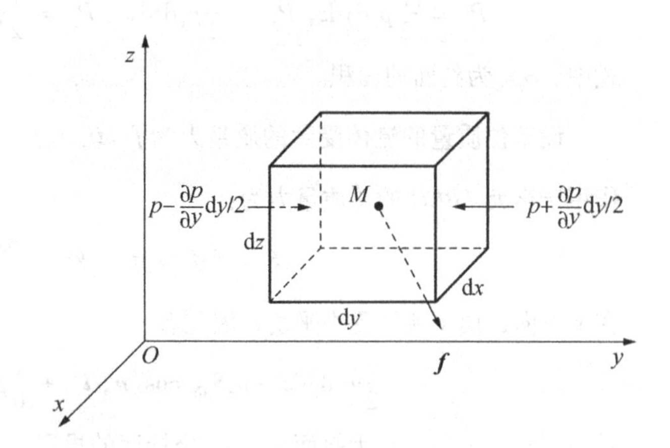

图2-2 静止流体微元受力分析

$$\left(p - \frac{\partial p}{\partial y}\frac{\mathrm{d}y}{2}\right)\mathrm{d}x\mathrm{d}z - \left(p + \frac{\partial p}{\partial y}\frac{\mathrm{d}y}{2}\right)\mathrm{d}x\mathrm{d}z + f_y\rho\mathrm{d}x\mathrm{d}y\mathrm{d}z = 0 \tag{2-3}$$

整理得：

$$f_y - \frac{1}{\rho}\frac{\partial p}{\partial y} = 0 \tag{2-4}$$

在 x、z 方向上也有类似的关系存在：

$$f_x - \frac{1}{\rho}\frac{\partial p}{\partial x} = 0,\quad f_z - \frac{1}{\rho}\frac{\partial p}{\partial z} = 0$$

整理后可得其矢量式：

$$\boldsymbol{f} - \frac{1}{\rho}\nabla p = 0 \tag{2-5}$$

该方程由欧拉于1755年导出，因此也称作欧拉静力学微分方程。上式中∇称作哈密顿算子，在直角坐标系中有：

$$\nabla p = \boldsymbol{i}\frac{\partial p}{\partial x} + \boldsymbol{j}\frac{\partial p}{\partial y} + \boldsymbol{k}\frac{\partial p}{\partial z}$$

式中，∇p 称作流体静压梯度，简称静压梯度，反映了流体某点的邻域内压强的变化情况。静压梯度具有如下性质：①是一个矢量，其方向与质量力方向相同；②指向压强变化率最大的方向；③在某个方向的分量等于压强沿该方向的导数；④与等压面垂直。

式(2-5)是流体静力学最基本的方程式，其他公式均是以此为基础导出的。

2.2.2 压差方程

流体的静压强是空间坐标的连续函数，其全微分为：

$$\mathrm{d}p=\frac{\partial p}{\partial x}\mathrm{d}x+\frac{\partial p}{\partial y}\mathrm{d}y+\frac{\partial p}{\partial z}\mathrm{d}z \tag{2-6}$$

由式(2-4)可知有$\frac{\partial p}{\partial x}=\rho f_x$，类似地存在$\frac{\partial p}{\partial y}=\rho f_y$，$\frac{\partial p}{\partial z}=\rho f_z$，代入式(2-6)可得：

$$\mathrm{d}p=\rho(f_x\mathrm{d}x+f_y\mathrm{d}y+f_z\mathrm{d}z) \tag{2-7}$$

式(2-7)称作压差方程。

压强相等的各点组成的面称作等压面，等压面上 $\mathrm{d}p=0$ ，由式(2-7)可知，此时有：

$$f_x\mathrm{d}x+f_y\mathrm{d}y+f_z\mathrm{d}z=0 \tag{2-8}$$

其矢量形式为：

$$\boldsymbol{f}\cdot\mathrm{d}\boldsymbol{r}=0 \tag{2-9}$$

由于 $\mathrm{d}r$ 可以为等压面上的任意矢量，式(2-9)说明质量力与等压面上的任意微小矢量垂直，也就是说质量力与等压面垂直。根据这一特性，可以在确定质量力之后确定等压面形状，或者在确定等压面之后确定质量力的方向。

密度只与压力有关的流体称作正压流体，将式(2-7)整理，得：

$$\frac{\mathrm{d}p}{\rho}=f_x\mathrm{d}x+f_y\mathrm{d}y+f_z\mathrm{d}z \tag{2-10}$$

由于密度只与压强有关，故式(2-10)左侧为全微分，这样方程右侧也必须为全微分，将其记为 $\mathrm{d}U$ ，有：

$$\frac{\mathrm{d}p}{\rho}=\mathrm{d}U \tag{2-11}$$

式中，U 称为质量力势函数，其数值仅与位置有关。在直角坐标系中，$U=U(x,y,z)$ 且存在：

$$\frac{\partial U}{\partial x}=f_x,\frac{\partial U}{\partial y}=f_y,\frac{\partial U}{\partial z}=f_z \tag{2-12}$$

2.2.3 帕斯卡原理

对于不可压缩流体，对式(2-11)积分，可以得到任意点的压强：

$$p = p_0 + \rho(U - U_0) \tag{2-13}$$

式中，下标0表示参考点的数值，参考点取界面上的已知点，如图2-3所示。

对于不可压缩流体中的任意一点，式(2-13)最后一项为定值。因为质量力势函数仅与位置有关，对于确定的两个点，$U-U_0$为确定的值。这说明当参考点压力p_0变化时，p也随之变化相同的值，也就是说，在静止的不可压缩流体中，接触面上压强的变化将等值地传递到流体中的每一个点，这一规律称作帕斯卡原理。帕斯卡原理由法国人帕斯卡于1653年提出，并据此制造出了水压机。

这个原理在实际工程中有许多的应用，最常见的是液压千斤顶和液压刹车系统。千斤顶如图2-3所示，当活塞A_1上施加大小为F_1的力时，活塞表面压强的变化量为$\Delta p_0 = \dfrac{F_1}{A_1}$，根据式(2-12)，活塞$A_2$表面压强会变化相同的量，因此$F_2 = A_2 \cdot \dfrac{F_1}{A_1}$，输出的力$F_2$会按照面积比放大。液压刹车系统的原理与此类似，不再赘述。

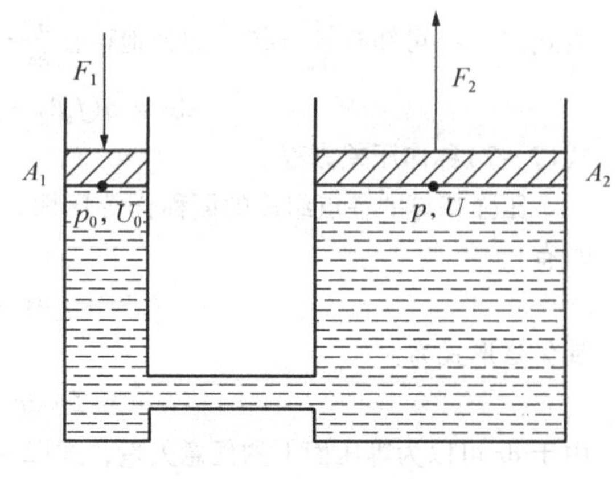

图2-3　千斤顶

2.2.4　重力作用下流体静压分布

工程中常遇到的问题是流体相对于地球没有运动，此时作用在流体上的力只有重力。如图2-4所示，建立直角坐标系，z轴垂直向上，x轴和y轴位于静止的流体的表面，有：

$$f_x = 0, f_y = 0, f_z = -g$$

式(2-10)可以写作：

$$\mathrm{d}p = -\rho g \mathrm{d}z \tag{2-14}$$

对于不可压缩流体而言，其密度为常数，不随时间或空间位置的变化而变化。对式(2-14)积分可得任意位置的压强计

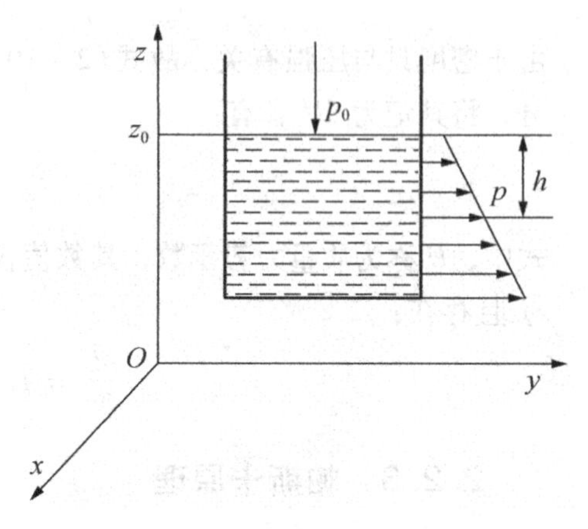

图2-4　不可压缩流体静压分布

算公式：

$$p = p_0 + \rho g(z_0 - z) \tag{2-15}$$

式中，p_0为流体表面压强，$z_0 - z$ 为流体中某点到表面的距离，可以用深度 h 表示，可得：

$$p = p_0 + \rho gh \tag{2-16}$$

由式(2－16)可以看出：

(1)在静止的不可压缩流体中，任意一点的压强由两部分组成：流体表面压强 p_0 和该点到表面的液体产生的压强 ρgh。

(2)流体表面的压强均匀地传递到内部各点。

(3)位于同一深度的流体各点压强值相等，重力作用下的静止不可压缩流体等压面为水平面，且与重力垂直。由式(2－16)可知，流体的压强与 x、y 坐标无关，因此具有相同 z 坐标的流体压强相等，再根据静压梯度的性质④，可知等压面与重力垂直。

(4)互相连通的同种流体内部，同一水平高度上的点具有相同的压强。

(5)不相互混合的两种流体静止接触，其分界面为水平等压面。结合式(2－14)，在分界面上任意取两点 A、B，由于在分界面上，$\mathrm{d}p$ 和 $\mathrm{d}z$ 同时适用于两种流体，则可以得到 $\mathrm{d}p = -\rho_1 g\mathrm{d}z$ 和 $\mathrm{d}p = -\rho_2 g\mathrm{d}z$，由于两种流体密度不同，则必有 $\mathrm{d}p = 0$ 和 $\mathrm{d}z = 0$，可见分界面为水平等压面。

式(2－15)可改写为：

$$\frac{p}{\rho g} + z = \frac{p_0}{\rho g} + z_0 = C$$

对于任意位置 1 和 2，有：

$$\frac{p_1}{\rho g} + z_1 = \frac{p_2}{\rho g} + z_2 \tag{2-17}$$

如图 2－5 所示，对于液体中的点 1，相对于基准面存在高度 z_1，因此具有势能 $\rho g z_1$。若将该点与一端封闭的玻璃管相连通，玻璃管上方为绝对真空，在 1 点的压强 p_1 作用下，玻璃管内液面高度会上升 h_1。由于玻璃管上方为真空，因此可得 $h_1 = \frac{p_1}{\rho g}$。也就是

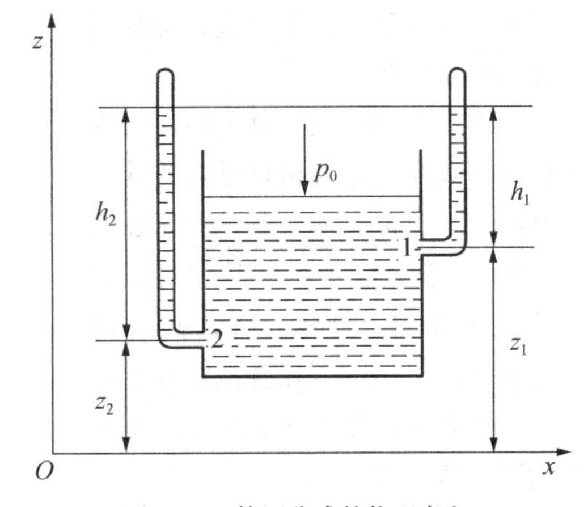

图 2－5　静压公式的物理意义

说在压强 p_1 作用下位于 1 点的流体微团获得了势能 $\rho g h_1 \delta V_1$，而压强则降低为 0。可见压强也是一种能量，将 $\frac{p}{\rho g}$ 称作单位重量的流体所具有的压强能或压能，该能量为势能。$\frac{p}{\rho g}+z$ 为单位重量的流体所具有的总势能（重力势能和压强势能），因此式(2－17)的含义为静止不可压缩流体内各点的势能相等。因此在图 2－5 中的 2 点连通相同的玻璃管，液面高度将与玻璃管 1 相同，上升高度为 h_2。

习惯上将式(2－17)中的 z 称作位置水头，将 $\frac{p}{\rho g}$ 称作压强水头，$\frac{p}{\rho g}+z$ 称作测压管水头。

2.3 静压强的计量与测量仪器

2.3.1 静压强的计量

压强的计量可以从不同的起点计算，因此也存在不同的表示方法。以绝对真空为起点计量的压强称为绝对压强，用符号 p 表示。当不做特别说明时，一般都指绝对压强，标准单位为帕斯卡。

以当地大气压力 p_a 作为起始点计数得到的压强称作相对压强。在工程的各种结构中，流体压强对结构物的有效作用为绝对压强和当地压强的差值。在工程实践中，流体内部的某个点的绝对压强可能比当地大气压大，也可能比当地大气压小。对于前一种情况，可以从当地压强开始向上计量，得到的值称作表压 p_g；对于后一种情况，以当地压强为基准向下计量，得到的值称作真空度 p_v。

如图 2－6 所示，0 为绝对压强的计算基准，p_a 为相对压强的计算基准。对于 p_1 而言，其绝对压强从 0 开始计算，值为 p_1；其相对压强从 p_a 开始向上计算，值为 p_{g1}。对于 p_2 而言，其绝对压强从 0 开始计算，值为 p_2；其相对压强从 p_a 开始向下计算，值为 p_{v2}。

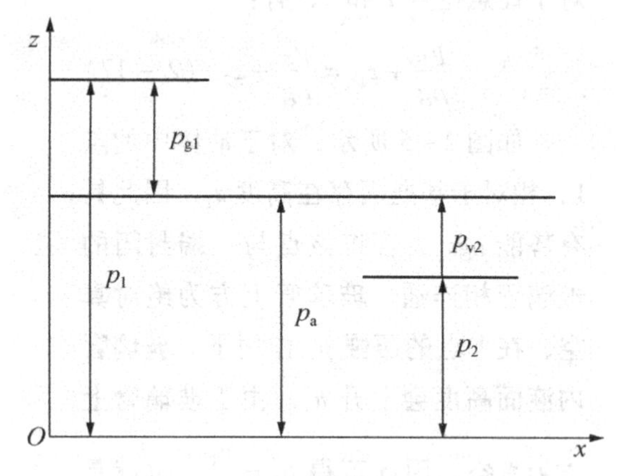

图 2－6　绝对压强和相对压强

【例2－1】 高度为185 m的水库堤坝，储水深度为175 m，问坝基处绝对压强和表压各为多少？

解：坝基处绝对压强：

$$p = p_a + \rho gh = 101\,325 + 1000 \times 9.8 \times 175\,\text{kPa} = 1816.325\text{kPa}$$

坝基处表压：

$$p_v = p - p_a = \rho gh = 1000 \times 9.8 \times 175\,\text{kPa} = 1715\,\text{kPa}$$

压强的计量单位很多，国际标准化组织(ISO)以及我国法定计量单位规定的压强标准单位为帕斯卡(Pa)，$1\text{Pa} = 1\text{N/m}^2$。此外还有一些其他常用非标准计量单位，与标准单位的转换关系如表2－1所示。

表2－1　各计量单位与标准计量单位的转换关系

单位	转换关系
毫米汞柱(mmHg)	1mmHg = 133.322Pa
米水柱(mH_2O)	1 mH_2O = 9806.65Pa
标准大气压(atm)	1 atm = 101 325 Pa
工程大气压(at)	1 at = 1 kgf/cm^2 = 98 066.5 Pa
巴(bar)	1 bar = 1×10^5Pa

2.3.2　静压强的测量仪器

可以利用式(2－16)，由液柱的高度来测量压强，下面给出几种常见的液柱式测压计。

1. 测压管

如图2－7所示为测压管，左侧为一密封容器，右侧玻璃管与容器在A点相连通，另一端连通大气，该玻璃管称作测压管。过A作水平面，可知该平面为等压面，则点A的绝对压强为：

$$p_A = p_a + \rho gh$$

其表压为：

$$p_{gA} = \rho gh$$

式中h称作测压管高度。测压管不适宜测量比较大的压强，否则需要的玻璃管长度过长。

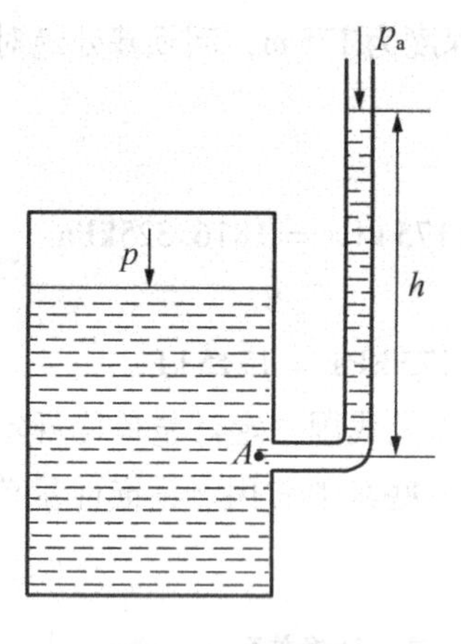

图 2-7　测压管

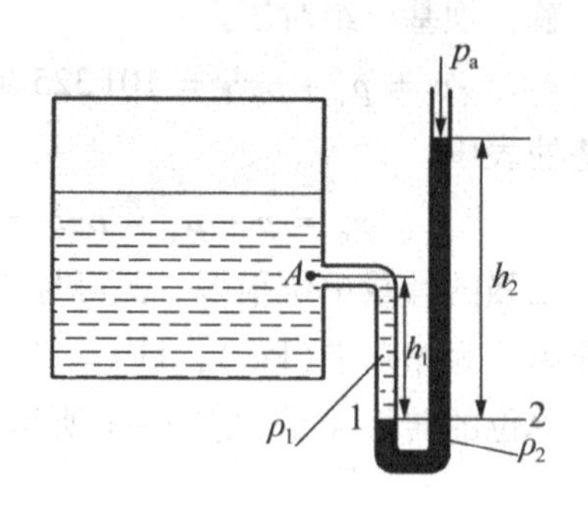

图 2-8　U 形管测压

2. U 形管测压计

如果被测压强较大，可以使用 U 形管测压计，如图 2-8 所示。玻璃管一端连通容器中的点 A，一端与大气连通。容器和玻璃管中流体的密度分别为 ρ_1、ρ_2，且 $\rho_2 > \rho_1$。1、2 两点位于同一水平面，由于下方管内为同种流体且互相连通，因此该水平面为等压面，1、2 两点的绝对压强为：

$$p_1 = p_2 = p_a + \rho_2 g h_2$$

A 点的绝对压强和表压分别为：

$$p_A = p_1 - \rho_1 g h_1 = p_a + (\rho_2 h_2 - \rho_1 h_1) g, \ p_{gA} = (\rho_2 h_2 - \rho_1 h_1) g$$

若 U 形管测压计两端连接的都是容器，可以用来测量两点的压差而不涉及两点压强的具体大小，如图 2-9 所示。

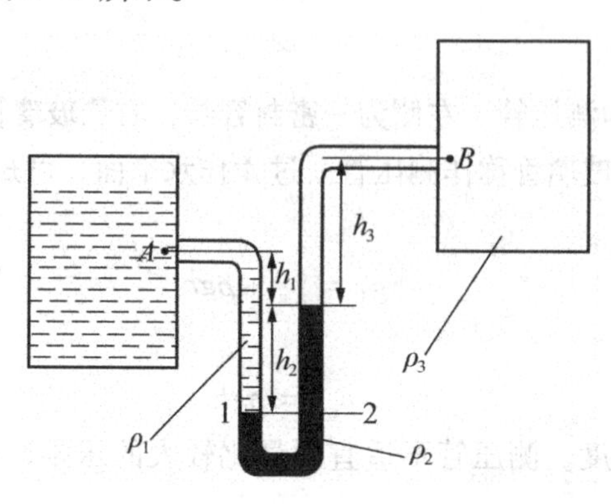

图 2-9　U 形管测压差

由于1－2为等压面，有：

$$p_A + \rho_1 g(h_1 + h_2) = p_B + \rho_3 g h_3 + \rho_2 g h_2$$

可得A、B两点的压差：

$$p_A - p_B = (\rho_3 h_3 + \rho_2 h_2)g - (h_1 + h_2)\rho_1 g$$

3. 倾斜式微压计

当流体压强较小时，可以使用倾斜式微压计，如图2－10所示。横截面积为A_1的容器内盛有密度为ρ的液体（通常为纯度95%的酒精，密度810 kg/m³），横截面积为A_2的玻璃管与容器相连接，其倾斜角度α可以调节。测压之前玻璃管中液体和容器中液体位于同一水平面。微压计与被测压强相连接时，容器内液面下降h_1，管内液面沿玻璃管上升l，其垂直高度$h_2 = l\sin\alpha$。由于流体不可压缩，因此容器中流体下降的体积等于管中流体上升的体积，即$A_1 h_1 = A_2 l$。容器中流体和管中流体的高度差为：

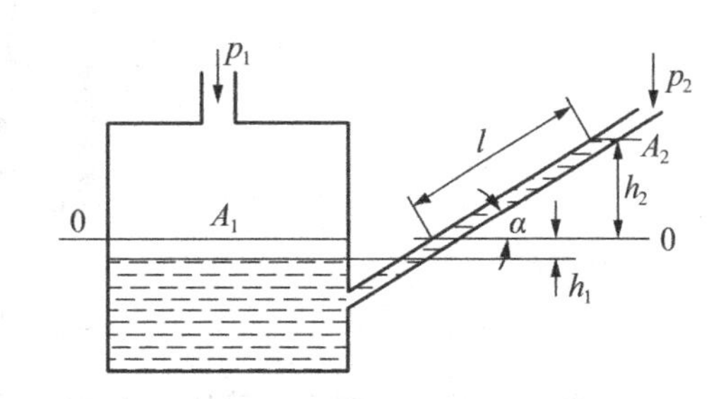

图2－10　倾斜式微压计

$$h = h_1 + h_2 = l\frac{A_2}{A_1} + l\sin\alpha = l\left(\frac{A_2}{A_1} + \sin\alpha\right)$$

由于测压管倾斜布置，因此可以适当调整刻度，使得读数更为准确。两端的压差为：

$$\Delta p = p_1 - p_2 = \rho g l\left(\frac{A_2}{A_1} + \sin\alpha\right) = Kl$$

式中，$K = \rho g\left(\frac{A_2}{A_1} + \sin\alpha\right)$称作微压计系数，角度$\alpha$可以调节，不同的角度对应不同的系数。微压计系数一般有0.2、0.3、0.4、0.6、0.8五个数据，刻在微压计的弧形支架上。

若p_2为大气压，则测得压差为容器内表压；若p_1为大气压，则测得压差为斜管上方真空度。

【例2－2】　如图2－11所示，位于同一水平高度的管段中有密度$\rho_1 = 1000\ \mathrm{kg/m^3}$的液体流动，在管段的$A$、$B$两处用复式U形管测两处流体的压差，测得液柱高度$h_1 = 100$ mm，$h_2 = 30$ mm，$h_3 = 40$ mm，$h_4 = 50$mm，已知流体的密度$\rho_2 = 13\,600\ \mathrm{kg/m^3}$，$\rho_3 = 800\ \mathrm{kg/m^3}$，求$A$、$B$两处流体的压差。

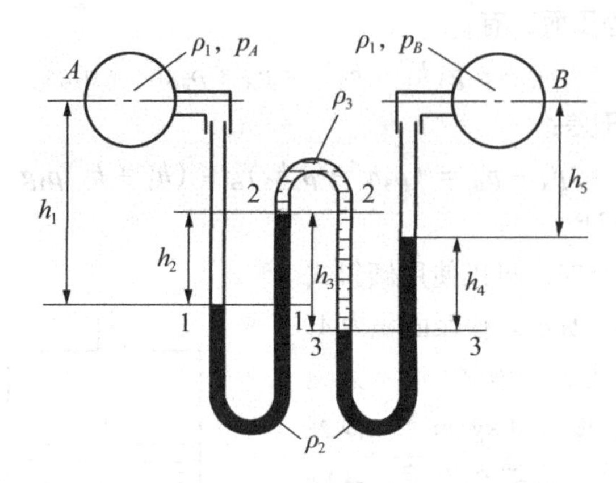

图2－11　例2－2

解：由不可压缩流体静压分布规律可知，图2－11中1－1、2－2、3－3为等压面，因此有：

$$p_1 = p_A + \rho_A g h_1,\ p_2 = p_1 - \rho_2 g h_2,\ p_3 = p_2 + \rho_3 g h_3,\ p_B = p_3 - \rho_2 g h_4 - \rho_1 g h_5$$

由图中几何关系可知 $h_5 + h_4 = h_1 + h_3 - h_2$，可求得：

$$h_5 = h_1 + h_3 - h_2 - h_4 = 100 + 40 - 30 - 50\,\mathrm{mm} = 60\mathrm{mm}$$

整理前面4个关系式可得：

$$p_A - p_B = -\rho_1 g h_1 + \rho_2 g h_2 - \rho_3 g h_3 + \rho_2 g h_4 + \rho_1 g h_5$$

代入数据得：

$$p_A - p_B = 9956.8\,\mathrm{Pa}$$

2.4　静止流体对物面的作用力

工程中的流体容器，水工建筑中的水坝、水闸，流体机械中的外壳等，都会受到流体静压力的作用。这些物体的壁面有些是平面，有些是曲面。设计中经常需要知道流体对物面作用力的大小、方向以及作用点，这个问题实际上是求受压面上分布力的合力。

2.4.1　对平面的作用力

静止流体对平面的作用力是最基本的情况，为了说明问题，考虑放置在静止流体中的任意形状平面，该平面与水平面的夹角为 α，建立的坐标系如图2－12所示。

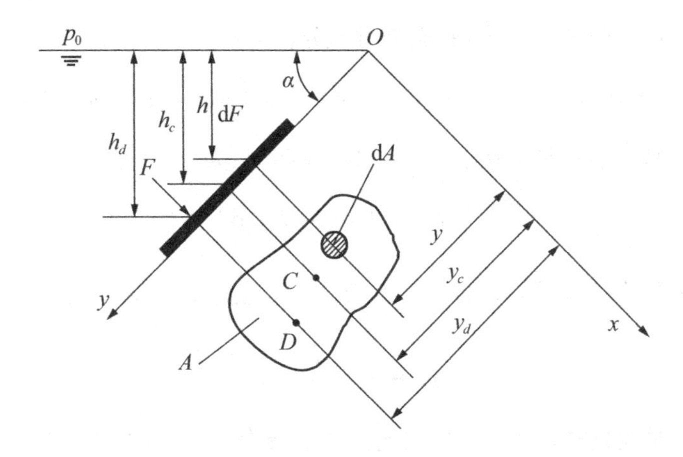

图 2－12　静止流体中平面受力分析

1. 总压力的大小和方向

在平面上任意深度 h 处取微元面积 $\mathrm{d}A$，该微元面积上受到的压力为：

$$\mathrm{d}F = p\mathrm{d}A = (p_0 + \rho gh)\mathrm{d}A = (p_0 + \rho gy\sin\alpha)\mathrm{d}A \tag{2-18}$$

对式(2－18)在整个平面上进行积分，得：

$$F = \int \mathrm{d}F = \int_A (p_0 + \rho gy\sin\alpha)\mathrm{d}A = p_0A + \rho g\sin\alpha\int_A y\mathrm{d}A$$

面积 A 的形心坐标为：

$$y_c = \frac{\int_A y\mathrm{d}A}{A}$$

则总压力为：

$$F = (p_0 + \rho gy_c\sin\alpha)A = p_cA \tag{2-19}$$

式(2－19)表明静止流体对平面的总压力等于该平面形心处压强与平面面积 A 的乘积。这个结论对于任何平面都成立，对于常见的规则平面图形，其形心位置并不难求。总压力的方向指向平面 A，也就是沿着平面的内法线方向。

2. 压力中心

静止流体对平面总压力作用线与平面的交点称为压力中心，即图 2－12 中 D 点，其坐标为 y_d。根据力学原理，合力对某个轴的力矩等于分力对同一坐标轴力矩的和，因此总压力对 Ox 轴的力矩等于微小压力 $\mathrm{d}F$ 对 Ox 轴力矩的代数和：

$$y_\mathrm{d}F = \int y\mathrm{d}F \tag{2-20}$$

如图 2－12 所示，对式(2－20)右端进行积分，得：

$$\int y\mathrm{d}F = \int_A y(p_0 + \rho g y \sin\alpha)\,\mathrm{d}A = p_0\int_A y\mathrm{d}A + \rho g\sin\alpha\int_A y^2\mathrm{d}A \qquad (2-21)$$

面积 A 对通过其形心且与 x 轴平行的轴的惯性矩 I_{xc} 为：

$$I_{xc} = \int_A (y - y_c)^2\mathrm{d}A$$

根据平行移轴公式，可得 $\int_A y^2\mathrm{d}A = y_c^2A + I_{xc}$，代入式(2－20)，可得压力中心的坐标：

$$y_d = y_c + \frac{I_{xc}\rho g\sin\alpha}{F} \qquad (2-22)$$

在工程中很多时候只需要考虑流体自身产生的压力，则式(2－22)可以简化为：

$$y_d = y_c + \frac{I_{xc}}{y_cA} \qquad (2-23)$$

式中，A 为面积；y_c 为形心到顶点或者顶边的距离；I_{xc}为对 x_c轴的惯性矩，该轴通过形心且与对称轴垂直。由于式(2－23)最后一项恒为正值，因此压力中心的位置总是位于形心的下方。常见图形的形心和惯性矩如表 2－2 所示。

以上求得了压力中心的 y 坐标，x 坐标的求法与其类似。工程中平面图形经常是对称的，因此只需要求得 y 坐标即可。

表 2－2　常见图形的面积、形心以及惯性矩

平面图形	面积 A	形心到顶点或者顶边的距离 y_c	对 x_c的惯性矩 I_{xc}
	bh	$\frac{h}{2}$	$\frac{bh^3}{12}$

续表 2-2

平面图形	面积 A	形心到顶点或者顶边的距离 y_c	对 x_c 的惯性矩 I_{xc}
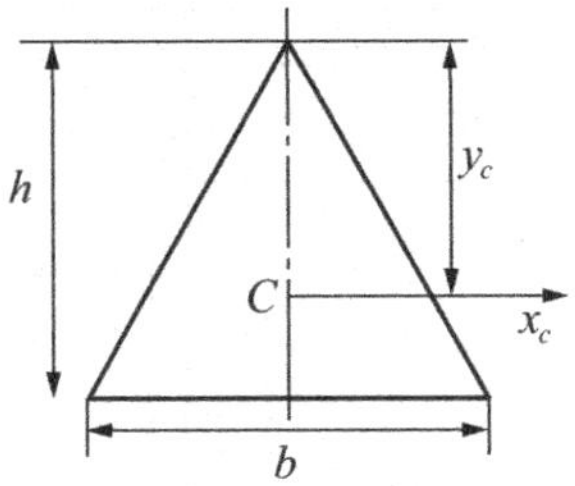 h, y_c, C, x_c, b	$\frac{bh}{2}$	$\frac{2h}{3}$	$\frac{bh^3}{36}$
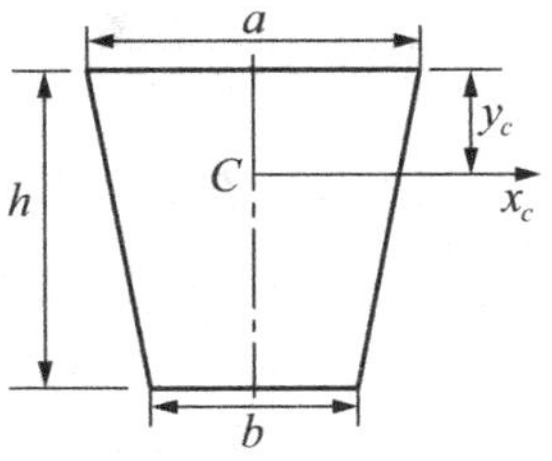 a, y_c, C, x_c, h, b	$\frac{h}{2}(a+b)$	$\frac{h}{3}\cdot\frac{a+2b}{a+b}$	$\frac{h^3}{36}\cdot\frac{a^2+4ab+b^2}{a+b}$
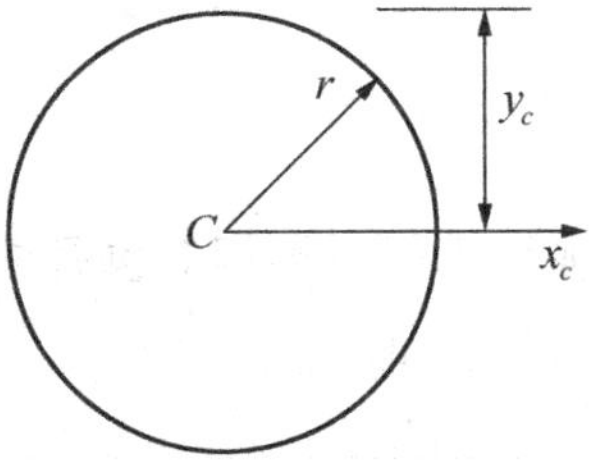 r, y_c, C, x_c	πr^2	r	$\frac{1}{4}\pi r^4$
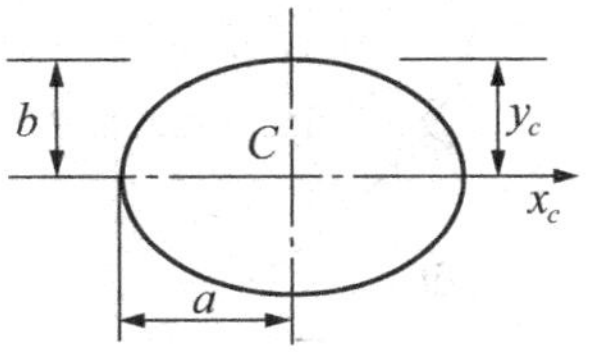 b, y_c, C, x_c, a	πab	b	$\frac{1}{4}\pi ab^3$

【例2-3】 如图2-13所示，水池方形闸门边长 $a=2\,\text{m}$，水平转轴 O 与闸道底相距 $h=0.9\,\text{m}$，求使闸门开启的水位高度 H。

解： y 轴 O 点取在水面，向下为正。闸门为正方形，查表2-2，可知其形心坐标为 $H-\frac{a}{2}$，对过形心的轴的截面二次矩为 $\frac{a^4}{12}$。当压力中心与转轴位于同一高度时，闸门即将开启。由式(2-22)的 $y_d=y_c+\frac{I_{xc}}{y_cA}$ 得：

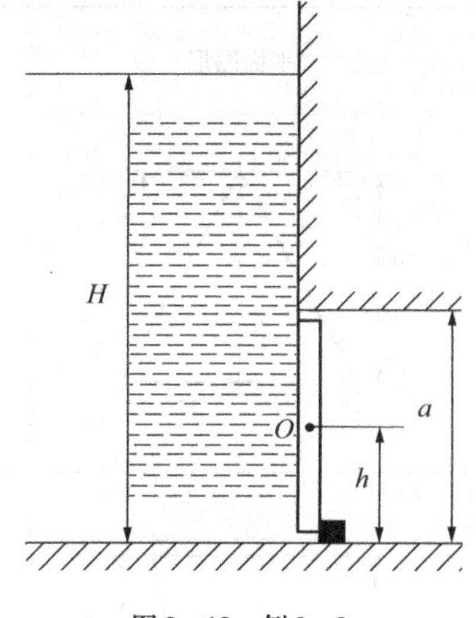

图2-13　例2-3

$$y_d-y_c=\frac{I_{xc}}{y_cA}=\frac{a^4/12}{(H-a/2)a^2}=\frac{2^4/12}{(H-2/2)2^2}$$

$$=\frac{1}{3(H-1)}=0.1$$

解得：

$$H=\frac{13}{3}\text{m}=4.33\,\text{m}$$

当 $H>4.33\,\text{m}$ 时，压力中心位于转轴上方，产生顺时针方向力矩，开启闸门。

2.4.2　对曲面的作用力

工业中的各种流体容器大多数是曲面，水利工程中弧形闸门、拱坝等也是曲面，因此有必要讨论静止流体对曲面的作用力。

由于曲面上各个位置的法线方向各不相同，因此作用于各个位置压力的方向也各不相同。为了求得合力，应该将各个微元力分解为三个方向，对各个方向的力分别求代数和得到合力在各个方向的分量。简单起见，以二维曲面为例说明总压力的

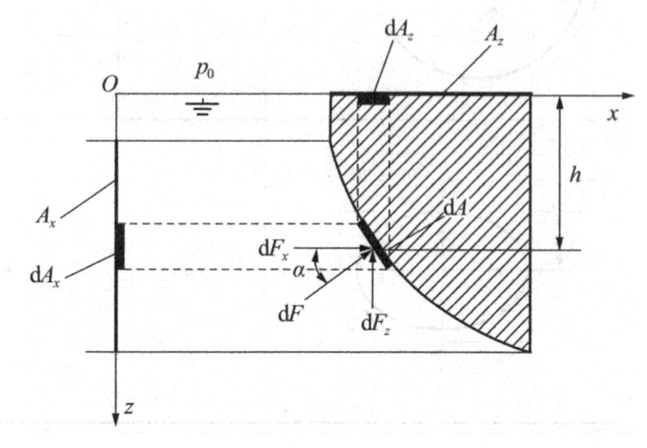

图2-14　静止流体对二维曲面的作用力

计算方法，其结论可推广到任意曲面。

如图2－14所示，曲面A的母线与y轴平行。在曲面上取微元面积dA，该处压强为$p=p_0+\rho gh$，则静止流体对该微元面积的作用力分量分别为：

$$dF_x = pdA\cos\alpha = pdA_x,\ dF_z = pdA\sin\alpha = pdA_z \tag{2-24}$$

对式(2－24)积分可得：

$$F_x = \int_{A_x} dF_x = \int_{A_x}(p_0+\rho gh)dA_x = p_0A_x + \rho gh_cA_x = p_cA_x \tag{2-25a}$$

$$F_z = \int_{A_z} dF_z = \int_{A_z}(p_0+\rho gh)dA_z = p_0A_z + \rho g\int_{A_z} hdA_z \tag{2-25b}$$

式中，A_x和A_z分别为曲面在与x、z轴垂直的平面的投影，h_c为投影面积A_x的形心距离自由表面的高度，p_c为A_x的形心处的压强。从式(2－25a)可以看出，总压力的水平分力F_x大小为A_x及其形心处压强p_c的乘积。对于三维曲面，可以证明该结论对于y方向分力F_y也成立。此外，分力的压力中心位置按照平面压力的方法确定。

公式(2－25b)的第一项为流体表面压强与投影面积A_z的乘积，第二项中hdA_z是以dA_z为底、高度为h的柱体体积。$\int_{A_z} hdA_z$是以曲面A及其在自由液面上投影面积为底面的柱体体积，如图2－14阴影部分所示。令$\int_{A_z} hdA_z = V_p$，则式(2－25b)可改写为：

$$F_z = p_0A_z + \rho gV_p \tag{2-26}$$

式中，V_p称作压力体，第二项为压力体所受重力。式(2－26)说明F_z可以分两部分计算，第一部分由流体表面压强引起，产生的压力均匀地作用在投影面A_z上，其作用线通过A_z的形心；第二部分由流体自身所受重力引起，其作用线通过压力体的几何中心。

压力体是一个重要的概念，它是由曲面本身、曲面在自由液面(或者自由液面的延长面)上的投影为底面，曲面周边引至自由液面的铅锤面为侧面组成。压力体是由计算得到的一个体积，是一个纯数学概念，与其中是否充满了流体并没有关系。

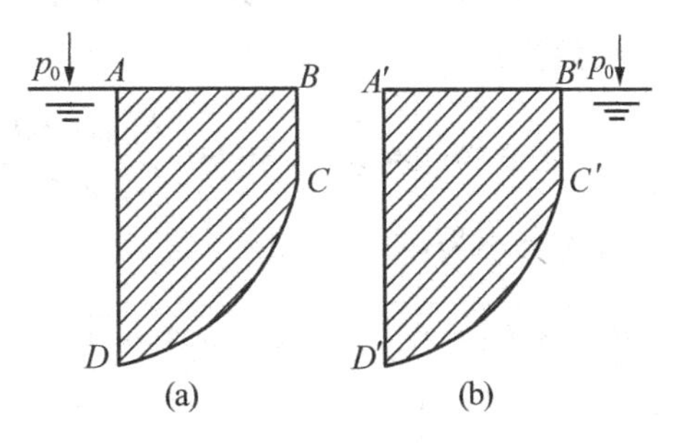

图2－15　压力体

计算压力体液重时，需要考虑其方向。如图2－15a所示，压力体$ABCD$与流体位于曲面的同一侧，压力体内部充满了流体，称作实压力体，曲面所受的垂直方向分力向下；图2－15b中压力体$A'B'C'D'$与流体位于曲面的不同侧，压力体内部没有流体存在，称作虚压力体，曲面所受的垂直方向分力向上，注意此时压力体内虽然并没有流体，但是可以通过求压力体的液重来求得曲面所受的分力。

【例2－4】 如图2－16所示，一圆柱长$l=10$ m，半径$R=2$ m，上游水深$h_1=4$ m，下游水深$h_2=2$ m，求作用于圆柱的水平分压力和垂直分压力。

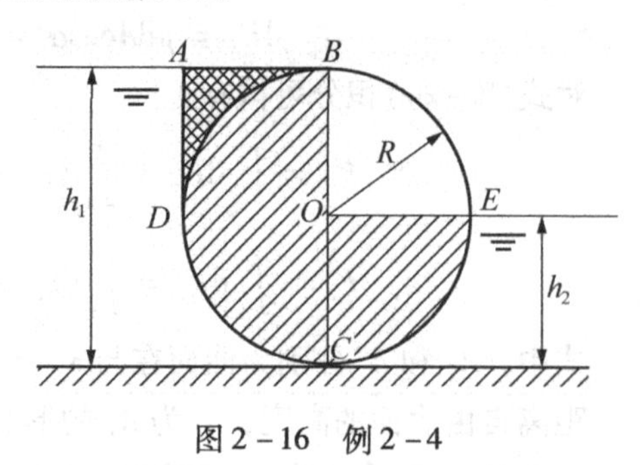

图2－16 例2－4

解：首先分析曲面BDC，其水平投影面积为：

$$A_{x,BDC}=2R\cdot l=2\times 2\times 10\text{m}^2=40\text{ m}^2$$

水平分压力方向水平向右，大小为：

$$F_{x,BDC}=\rho g\frac{h_1}{2}\cdot A_{x,BDC}=1000\times 9.8\times 2\times 40\text{N}=7.84\times 10^5\text{N}$$

曲面BDC对应的压力体可以分为两个部分，实压力体V_{ABD}和虚压力体V_{ABCD}，其和为虚压力体V_{BCD}，故垂直分压力方向向上，大小为：

$$F_{z,BDC}=\rho gV_{BCD}=\rho g\frac{\pi R^2}{2}l=1000\times 9.8\times\frac{3.14\times 2^2}{2}\times 10\text{N}=6.15\times 10^5\text{N}$$

考虑曲面EC，采用类似方法，其受到的水平分压力水平向左，大小为：

$$F_{x,EC}=\rho g\frac{h_2}{2}\cdot A_{x,EC}=\rho g\frac{h_2}{2}Rl=1000\times 9.8\times\frac{2}{2}\times 2\times 10\text{N}=1.96\times 10^5\text{N}$$

垂直分力向上，大小为：

$$F_{z,EC}=\rho gV_{ECO}=\rho g\frac{\pi R^2}{4}l=1000\times 9.8\times\frac{3.14\times 2^2}{4}\times 10\text{N}=3.08\times 10^5\text{N}$$

由于曲面为柱面，因此微元力都通过圆心，故合力也必然通过圆心，该力与水平线的夹角为：

$$\theta=\arctan\frac{F_z}{F_x}=\arctan\frac{F_{z,BDC}+F_{z,EC}}{F_{x,BDC}-F_{x,EC}}=\arctan\frac{(6.15+3.08)\times 10^5}{(7.84-1.96)\times 10^5}=57.53°$$

合力大小为：

$$F=\sqrt{F_z^2+F_x^2}=\sqrt{[(6.15+3.08)\times 10^5]^2+[(7.84-1.96)\times 10^5]^2}\text{N}=1.10\times 10^6\text{N}$$

计算过程中没有考虑液体表面所受的大气压力，对于该问题而言，由于圆柱体本身的对称性，大气压力对圆柱表面的合力为零。对于许多工程问题而言，都存在类似的情况，因此实际计算中经常只需要考虑流体自身对物面的作用力。

2.4.3 浮力

工程中经常遇到物体部分浸入或者全部浸入液体中的情况，部分浸入液体的物体称作浮体，全部浸入液体的称作潜体。无论是浮体还是潜体，与液体相接触的部分都会受到液体的压力作用。

首先讨论物体完全浸入液体的情况，如图2－17所示。考虑 x 方向所受的水平分力，由于物体表面封闭，可以将其分为左右两部分，这两部分表面在 Oyz 平面上的投影面积相等，但是受力方向相反，因此该方向的分力为零。对于 y 方向可以得到类似的结论。

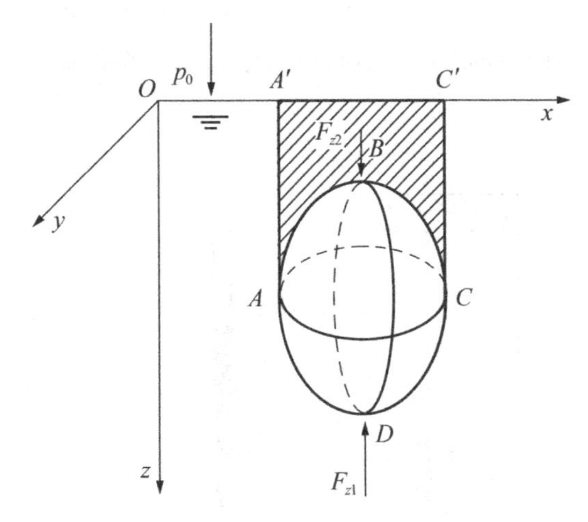

图2－17　液体中的浮力

z 方向分力为两部分，一部分由 p_0 导致，另一部分由液体自身导致。由2.4.2节可知，p_0 导致的 z 方向分力为 $\oint_{S_{ABCD}} p_0 \sin\alpha \mathrm{d}A$，显然该项为零。液体自身产生的分力为压力体 $V_{A'C'CBA}$ 和 $V_{A'C'CDA}$ 叠加后的重力，叠加的结果为虚压力体 V_{ABCD}，也就是物体排开液体的体积。因此有：

$$F_z = \rho g V_{ABCD} \tag{2-27}$$

也就是说物体所受力的大小等于物体排开液体的重量，方向向上，称为浮力。

可以证明浮体受到的浮力仍然可以用式(2－27)计算，因此浮体或者潜体受到的浮力大小等于其浸入液体的体积排开的液体重量，方向垂直向上，作用线通过物体排开液体的几何中心(浮心)，这就是著名的阿基米德原理。

习 题

2－1　已知海水平均密度为1025 kg/m³，大气压为101.325 kPa，求海面下深度为100 m处的绝对压强和表压。

2－2　已知海平面大气压强为101.325 kPa，测得某山顶大气压强为97.325 kPa，若海平面与山顶之间的空气平均密度为1.2 kg/m³，那么此山的海拔高度为多少？

2－3　如图所示，圆柱形容器中盛有油和水，在其顶盖施加的力$F=5000\ \text{N}$，已知$h_1=0.03\ \text{m}$，$h_2=0.05\ \text{m}$，$D=0.4\ \text{m}$，油的密度$\rho_{油}=800\ \text{kg/m}^3$，水的密度$\rho_{水}=1000\ \text{kg/m}^3$，水银的密度$\rho_{水银}=13\,600\ \text{kg/m}^3$，求$h_3$。

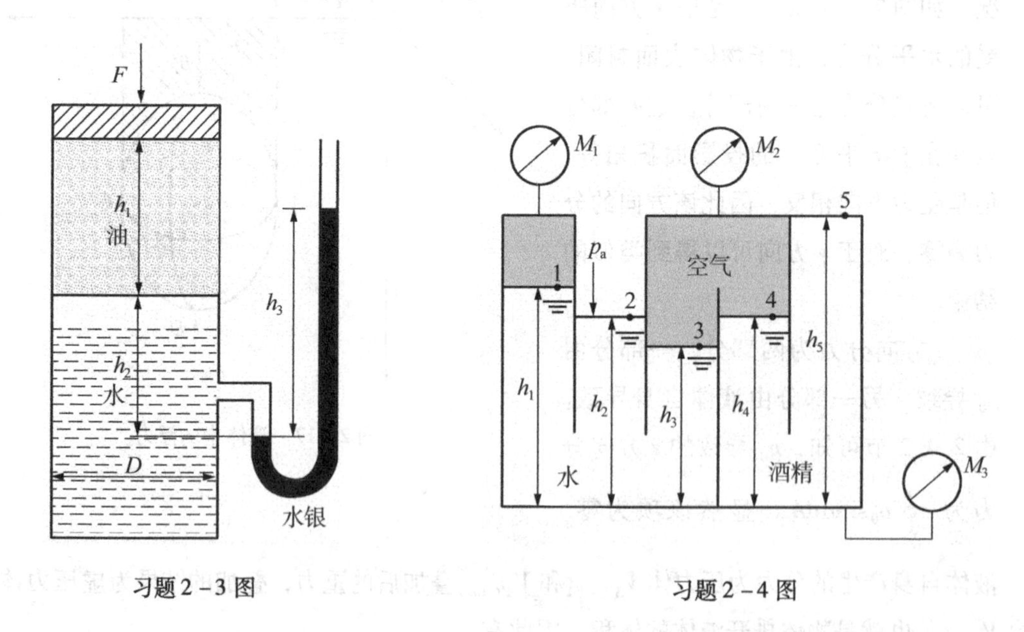

习题2－3图　　　　习题2－4图

2－4　如图所示，$h_1=1.2\ \text{m}$，$h_2=1\ \text{m}$，$h_3=0.8\ \text{m}$，$h_4=1\ \text{m}$，$h_5=1.5\ \text{m}$，大气压强为101.325 kPa，酒精的密度$\rho_{酒精}=790\ \text{kg/m}^3$，水的密度$\rho_{水}=1000\ \text{kg/m}^3$，求1、2、3、4、5各点的绝对压强和压力表$M_1$、$M_2$、$M_3$的表压或者真空度，不计装置内空气质量。

2－5　如图所示，薄壁容器直径$D=0.5\ \text{m}$，高$h=0.7\ \text{m}$，所受重力为1000 N，在自重作用下垂直落入水中并保持平衡，容器内原先的大气被等温压缩，如图a所示，已知大气压强为101.325 kPa，求：

(1)容器的淹没深度h_1和容器内水的深度h_2。

(2)在容器顶部施加多大的力 F 才能使得容器完全沉入水底？此时 h_3 为多少？

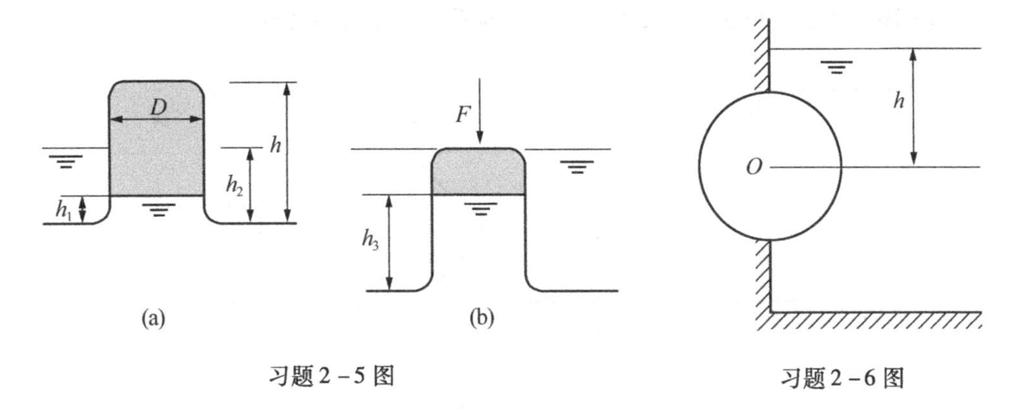

习题2-5图　　　　习题2-6图

2-6　如图所示，在与液体接触的垂直壁面上安装一均质圆柱，圆柱可以无摩擦地绕水平轴 O 旋转，圆柱的一半进入液体之中，根据阿基米德原理，圆柱似乎受到一个向上的力可以迫使其旋转，也就是不需要消耗能量便可做功，实现第一类永动机，试说明圆柱为何不会旋转，并求液体作用的合力及其压力中心位置。

2-7　一木排由直径为0.3 m，长为6 m的圆木结成，用以运输质量为1000 kg的物体过河，已知圆木密度为800 kg/m³，输送物体过河时圆木与水面齐平，问至少需要多少圆木？

2-8　船闸是常见的现代通航建筑物，借助室内灌水或者泄水使船舶通过具有水位落差的航道，如图所示，一船闸闸门宽度为4 m，闸门一侧水深9 m，另一侧水深3 m，求作用于此闸门的水平合力及其作用点。

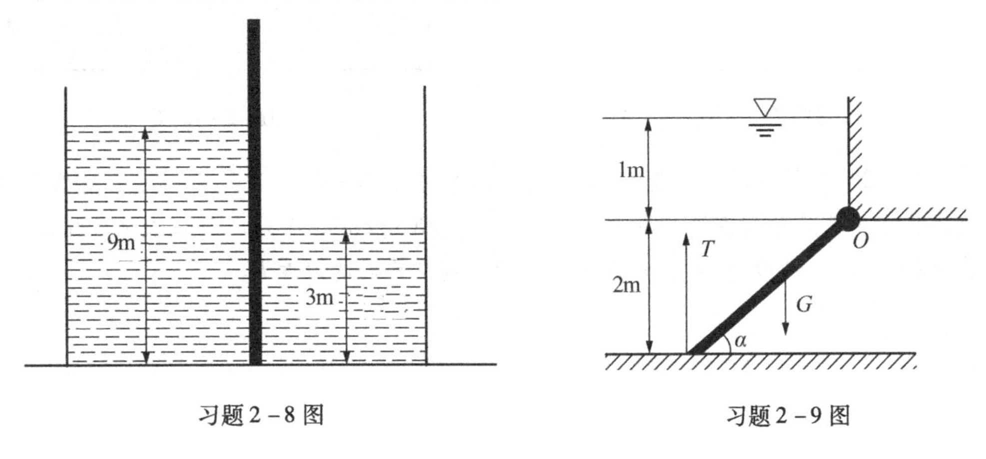

习题2-8图　　　　习题2-9图

2-9　如图所示，有一平面闸门倾斜放置，已知倾角 $\alpha=45°$，门宽 $b=3$ m，门自身质量为2000 kg，门可绕 O 点开启，求开启闸门所必需的向上的拉力 T。

2－10　画出图中曲面的压力体图，并标明垂直分力的方向。

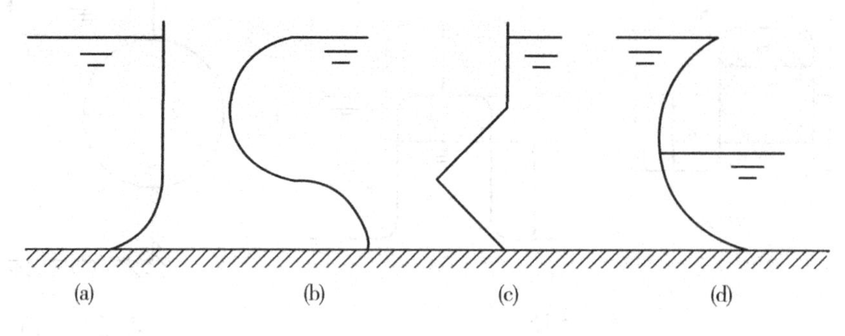

习题2－10图

2－11　水平放置的圆柱体如图所示，其长度为1 m，直径为3 m，$\alpha=45°$，左边有水与圆柱顶部平齐，右边无水，求作用于圆柱静水总压力的水平分力和垂直分力。

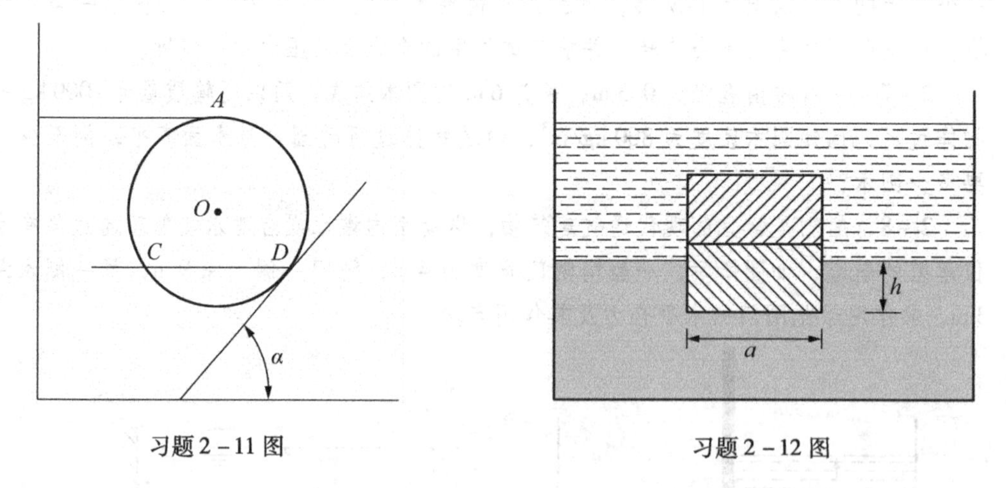

习题2－11图　　习题2－12图

2－12　如图所示，边长 $a=1$ m 的非均质立方体平衡于两种不相混合的液体中，立方体上下两部分的密度分别为600 kg/m^3、1400 kg/m^3，较轻、较重液体的密度分别为900 kg/m^3、1300 kg/m^3，求立方体底面距离交界面的深度 h。

3 流体运动的基本方程

在自然界和工程应用中，流体经常处于运动状态。由于流体易于变形，因此相对于刚体而言，其流动更为复杂。本章包含流体运动学和动力学两部分内容，若只关心流体运动状态的变化而不涉及其变化的原因，则属于运动学研究的内容，否则为动力学研究内容。

3.1 描述流体运动的方法

描述流体的运动，就是要描述表示流体运动的物理量(如流体质点的速度、加速度、密度、压强等)在空间的分布状态和随时间的变化规律，并以相应的方程表述。有两种不同的观点对该问题进行描述，分别对应着两种不同的方法：拉格朗日法和欧拉法。

3.1.1 拉格朗日法

与理论力学的方法类似，拉格朗日法将流体视为质点系，设法描述每一个流体质点从始至终的运动过程，也就是流体质点的位置随时间的变化规律。如果对所有流体质点都做了相应的描述，就可以获得流体的运动情况。拉格朗日法如图 3－1 所示。

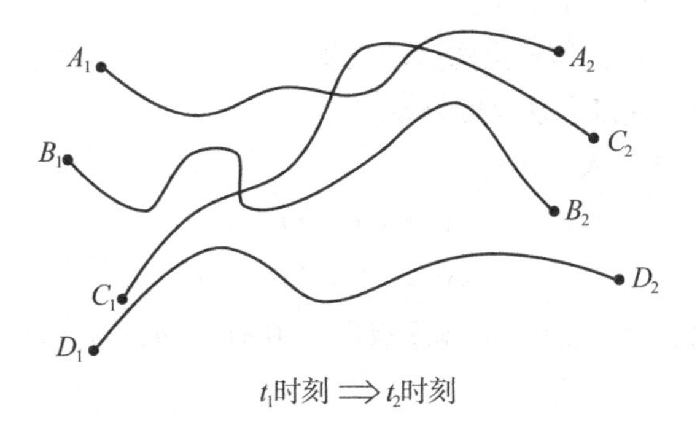

图 3－1　拉格朗日法

运用拉格朗日法，首先必须对不同的流体质点加以区分，为此需要标记流体质点。在拉格朗日法中采用流体质点初始时刻 t_0 的坐标(a, b, c)作为该流体质点的标记，在流体的运动过程中，这个标记将一直伴随流体质点而不会改变。在任意时刻，某个流体质点的位置为(x, y, z)，通过以上说明可知，二者存在如下关系：

$$\begin{cases} x = x(a,b,c,t) \\ y = y(a,b,c,t) \\ z = z(a,b,c,t) \end{cases} \tag{3-1}$$

式中，a、b、c、t 称作拉格朗日变量。式(3-1)意味着初始时刻在(a, b, c)位置的流体质点，在 t 时刻位于(x, y, z)位置，也就是用初始时刻的坐标和时间 t 即可描述任意流体质点在任意时刻的位置。

对于指定的流体质点，拉格朗日坐标(a, b, c)是一固定不变的值，与时间 t 无关。因此流体质点的速度和加速度可以通过对时间求导得到，其速度和加速度分别为：

$$\begin{cases} u_x = \dfrac{\mathrm{d}x}{\mathrm{d}t} = \dfrac{\partial x}{\partial t} = u_x(a,b,c,t) \\ u_y = \dfrac{\mathrm{d}y}{\mathrm{d}t} = \dfrac{\partial y}{\partial t} = u_y(a,b,c,t) \\ u_z = \dfrac{\mathrm{d}z}{\mathrm{d}t} = \dfrac{\partial z}{\partial t} = u_z(a,b,c,t) \end{cases}, \quad \begin{cases} a_x = \dfrac{\partial^2 x}{\partial t^2} = a_x(a,b,c,t) \\ a_y = \dfrac{\partial^2 y}{\partial t^2} = a_y(a,b,c,t) \\ a_z = \dfrac{\partial^2 z}{\partial t^2} = a_z(a,b,c,t) \end{cases} \tag{3-2}$$

【例3-1】 已知拉格朗日法表示的位移分布为 $x=(a+5)\mathrm{e}^t-3t-4$，$y=(b+5)\mathrm{e}^t-3t-4$，求：

(1) $t=2$ 时质点的分布规律。

(2) $a=1$，$b=1$ 的流体质点的运动规律。

(3)流体质点的速度和加速度分布。

解：(1)将 $t=2$ 代入，得：

$$\begin{cases} x = (a+5)\mathrm{e}^2 - 10 \\ y = (b+5)\mathrm{e}^2 - 10 \end{cases}$$

此即 $t=2$ 时质点的分布规律，流体质点由 $t=0$ 时的(a, b)点运动到(x, y)点。

(2)令 $a=1$，$b=1$，得：

$$\begin{cases} x = (1+5)\mathrm{e}^t - 3t - 4 \\ y = (1+5)\mathrm{e}^t - 3t - 4 \end{cases}$$

这就是该流体质点的运动轨迹。

(3)对于给定的流体质点，其拉格朗日坐标(a,b)不随时间的变化而变化，故$\frac{\partial a}{\partial t}=0,\frac{\partial b}{\partial t}=0$，故其速度和加速度分别为：

$$\begin{cases}u_x=\frac{\mathrm{d}x}{\mathrm{d}t}=\frac{\partial x}{\partial t}=(a+5)\mathrm{e}^t-3\\u_y=\frac{\mathrm{d}y}{\mathrm{d}t}=\frac{\partial y}{\partial t}=(b+5)\mathrm{e}^t-3\end{cases},\quad\begin{cases}a_x=\frac{\mathrm{d}u_x}{\mathrm{d}t}=\frac{\partial u_x}{\partial t}=(a+5)\mathrm{e}^t\\a_y=\frac{\mathrm{d}u_y}{\mathrm{d}t}=\frac{\partial u_y}{\partial t}=(b+5)\mathrm{e}^t\end{cases}$$

若将时间t固定，则可得到所有流体质点在t时刻的分布状态，也就是初始时刻t_0位于(a,b,c)位置的流体质点在t时刻的位置(x,y,z)；若将流体质点初始时刻t_0的位置(a,b,c)固定，则可得该流体质点在任意时刻的坐标(x,y,z)，也就是该流体质点的运动轨迹，这一轨迹称作迹线。式(3-1)实际上就给出了t_0时刻位于(a,b,c)位置的流体质点的迹线。

其他物理量的表示方法与位移类似，均可表示为a、b、c、t的函数，例如任意流体质点的密度和压强可以表示为：

$$\begin{cases}p=p(a,b,c,t)\\\rho=\rho(a,b,c,t)\end{cases}\tag{3-3}$$

拉格朗日法注重对流体质点细节的描述，可以描述流体质点的运动轨迹、运动过程中物理量的变化等。其描述方法比较直观，理论上能够描述所有流体质点运动参数及物理属性随时间的变化规律。但是在实际应用中，拉格朗日法实现起来非常困难，跟踪流体质点是一个非常复杂的问题，并且通常也不需要跟踪流体质点。实际工程中关心的往往是某个空间位置上流体与物面的相互作用，实际测量的也往往是空间固定点的参数。因此，使用下面所讲的欧拉法更为方便，本书后面各章节主要采用欧拉法。

3.1.2 欧拉法

欧拉法着眼于空间点，用场的观点来分析流体的运动。空间点是空间中的某个几何位置，流体流动时空间点是不动的。在某个瞬时，某一空间点被一个流体质点占据，在另一瞬时可能又会被其他流体质点占据。欧拉法研究瞬时占据空间点的流体质点的运动情况，该方法不关心流体质点从哪里来，要到哪里去，只关心流体质点占据空间点时的物理量。当提到空间点的物理量时，指的是占据空间点的流体质点的物理量。欧拉法将流体的运动参数视为空间坐标(x,y,z)和时间t的函数，例如，t时刻占据空间点(x,y,z)的流体质点的速度可以表示为：

$$\begin{cases} u_x = u_x(x,y,z,t) \\ u_y = u_y(x,y,z,t) \\ u_z = u_z(x,y,z,t) \end{cases} \tag{3-4}$$

式中，$(x,\ y,\ z,\ t)$称作欧拉变量。

若将空间点$(x,\ y,\ z)$固定，可以知道不同时刻通过空间固定点的流体质点的运动情况和其他物性参数。这种情况在实际工程中会经常出现，例如用温度计测量房间内的温度，通常会将温度计固定在某个点，测得的值实际上是不同时刻通过该点气体的温度。若将时间t固定，则可得到某个瞬时空间点上流体质点的运动参数，也就是该瞬时的流场(场是物理量在时空的分布)。

根据所表述的物理量不同，流场可以分为速度场、加速度场、压力场、温度场等，其中速度场是最常见的流场。用欧拉法描述流体的运动，关键就在于建立速度场的表达式。

需要注意的是，拉格朗日变量a、b、c、t互相独立，而欧拉变量则不然。由式(3-4)即可看出，在t时刻流体质点占据了$(x,\ y,\ z)$空间点，也就是流体质点位于该点，一般来说该流体质点在另一个时刻将位于新的空间点，流体质点所处的位置$(x,\ y,\ z)$与时间t有关。这一点在求随体导数时会变得非常重要。

3.1.3 随体导数

流体质点物理量随时间的变化率称作该物理量的随体导数，也称作物质导数、随流导数、质点导数等。下面以加速度为例说明什么是随体导数。

对于拉格朗日法，给出的是流体质点的运动情况和其他物理量，因此任意流体质点$(a,\ b,\ c)$所具有的物理量$\boldsymbol{B}(a,\ b,\ c,\ t)$的随体导数就是该物理量对时间的偏导数$\dfrac{\partial \boldsymbol{B}}{\partial t}$。当$\boldsymbol{B}=\boldsymbol{u}$时，$\boldsymbol{a}(a,b,c,t) = \dfrac{\partial \boldsymbol{u}(a,b,c,t)}{\partial t}$就是流体质点的加速度。

对于欧拉法而言，给出的是物理量在空间的分布，当时间不同时，某个固定的空间点会被不同的流体质点占据，因此问题变得有一点复杂。以加速度为例，加速度是一个物理量，这个物理量只能属于流体质点，而不会属于空间点，也就是说流体质点具有加速度而不是空间点具有加速度。因此求加速度必须从流体质点的观点进行，也就是要用到拉格朗日的观点，跟随流体质点求其加速度，这也是随体导数这一名称的由来。

欧拉法中的加速度可以用复合函数的求导法则导出：

$$\boldsymbol{a}=\frac{\mathrm{d}\boldsymbol{u}}{\mathrm{d}t}=\frac{\partial \boldsymbol{u}}{\partial t}+\frac{\partial \boldsymbol{u}}{\partial x}\frac{\mathrm{d}x}{\mathrm{d}t}+\frac{\partial \boldsymbol{u}}{\partial y}\frac{\mathrm{d}y}{\mathrm{d}t}+\frac{\partial \boldsymbol{u}}{\partial z}\frac{\mathrm{d}z}{\mathrm{d}t}=\frac{\partial \boldsymbol{u}}{\partial t}+u_x\frac{\partial \boldsymbol{u}}{\partial x}+u_y\frac{\partial \boldsymbol{u}}{\partial y}+u_z\frac{\partial \boldsymbol{u}}{\partial z} \tag{3-5}$$

将式(3－5)在直角坐标系下展开，得：

$$\begin{cases} a_x=\dfrac{\mathrm{d}u_x}{\mathrm{d}t}=\dfrac{\partial u_x}{\partial t}+u_x\dfrac{\partial u_x}{\partial x}+u_y\dfrac{\partial u_x}{\partial y}+u_z\dfrac{\partial u_x}{\partial z} \\ a_y=\dfrac{\mathrm{d}u_y}{\mathrm{d}t}=\dfrac{\partial u_y}{\partial t}+u_x\dfrac{\partial u_y}{\partial x}+u_y\dfrac{\partial u_y}{\partial y}+u_z\dfrac{\partial u_y}{\partial z} \\ a_z=\dfrac{\mathrm{d}u_z}{\mathrm{d}t}=\dfrac{\partial u_z}{\partial t}+u_x\dfrac{\partial u_z}{\partial x}+u_y\dfrac{\partial u_z}{\partial y}+u_z\dfrac{\partial u_z}{\partial z} \end{cases} \tag{3-6}$$

式(3－6)写为矢量形式，得：

$$\frac{\mathrm{d}\boldsymbol{u}}{\mathrm{d}t}=\frac{\partial \boldsymbol{u}}{\partial t}+(\boldsymbol{u}\cdot\nabla)\boldsymbol{u} \tag{3-7}$$

式(3－7)分为两个部分，其中 $\frac{\partial \boldsymbol{u}}{\partial t}$ 表示 (x, y, z) 不变时，该空间点的速度随时间的变化规律，称作当地加速度，或者时变加速度；$(\boldsymbol{u}\cdot\nabla)\boldsymbol{u}$ 表示同一时间不同空间点的不同速度，称作迁移加速度，或位变加速度。下面用图 3－2 予以说明。

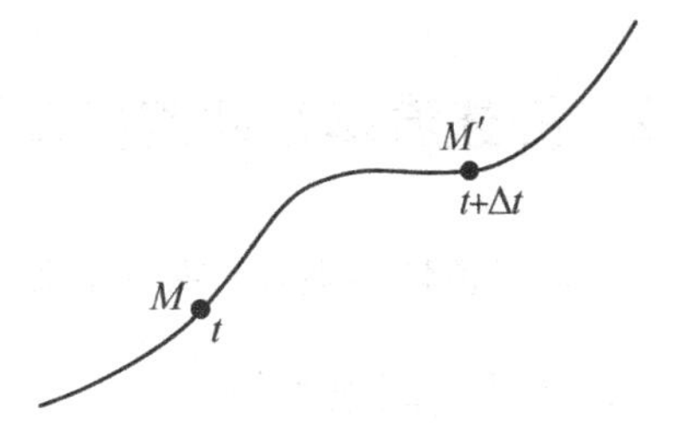

图 3－2　流体质点运动

如图 3－2 所示，在 t 时刻流体质点位于 $M(x, y, z)$ 点，其速度用欧拉法表示为 $\boldsymbol{u}(x, y, z, t)$，在 $t+\Delta t$ 时刻流体质点位于 $M'(x+\Delta x, y+\Delta y, z+\Delta z)$ 点，其速度用欧拉法表示为 $\boldsymbol{u}(x+\Delta x, y+\Delta y, z+\Delta z, t+\Delta t)$。根据定义，加速度的表达式为：

$$\boldsymbol{a}(M,t)=\frac{\boldsymbol{u}(M',t+\Delta t)-\boldsymbol{u}(M,t)}{\Delta t} \tag{3-8}$$

对式(3－8)同时加减一个量 $\boldsymbol{u}(M, t+\Delta t)$，可得：

$$\boldsymbol{a}(M,t)=\frac{[\boldsymbol{u}(M,t+\Delta t)-\boldsymbol{u}(M,t)]+[\boldsymbol{u}(M',t+\Delta t)-\boldsymbol{u}(M,t+\Delta t)]}{\Delta t} \tag{3-9}$$

这样，式(3－9)分为两个部分，第一部分表示 $t+\Delta t$ 时刻位于 M 点流体质点的速度与 t 时刻位于 M 点流体质点的速度之差，注意二者只是在不同时刻都经过了 M 点，而不是同一个流体质点。当 $\Delta t\to 0$ 时，有：

$$\lim_{\Delta t\to 0}\frac{[\boldsymbol{u}(M,t+\Delta t)-\boldsymbol{u}(M,t)]}{\Delta t}=\frac{\partial \boldsymbol{u}(x,y,z,t)}{\partial t}$$

第二部分表示 $t+\Delta t$ 时刻位于 M' 点流体质点与位于 M 点流体质点的速度差，这两个流体质点在同一时刻位于不同的位置。当 $\Delta t \to 0$ 时，有：

$$\lim_{\Delta t \to 0} \frac{[\boldsymbol{u}(M',t+\Delta t)-\boldsymbol{u}(M,t+\Delta t)]}{\Delta t} = \lim_{\Delta t \to 0} \frac{MM'}{\Delta t} \cdot$$

$$\lim_{MM' \to 0} \frac{[\boldsymbol{u}(M',t+\Delta t)-\boldsymbol{u}(M,t+\Delta t)]}{MM'} = (\boldsymbol{u} \cdot \nabla)\boldsymbol{u}$$

式(3－7)可以推广到任意矢量形式的物理量 $\boldsymbol{B}$，即：

$$\frac{\mathrm{d}\boldsymbol{B}}{\mathrm{d}t} = \frac{\partial \boldsymbol{B}}{\partial t} + (\boldsymbol{u} \cdot \nabla)\boldsymbol{B} \tag{3-10}$$

需要说明的是，对于同一个问题，既可以用拉格朗日法表述，又可以用欧拉法表述，两种方法得到的结果是一致的。实际上拉格朗日法和欧拉法可以互相转换，关于这一问题读者可自行参阅其他参考材料。

3.2 描述流体运动的基本概念

在研究流体运动时，需要了解一些基本概念。

3.2.1 定常流动

在流体流动的过程中，若空间各点的任意物理量 $\boldsymbol{B}$ 不随时间的变化而变化，称作定常流动(或恒定流动)，否则称作非定常流动(非恒定流动)。在定常流动中，物理量 $\boldsymbol{B}$ 仅是空间位置的函数：

$$\boldsymbol{B} = \boldsymbol{B}(x,y,z), \frac{\partial \boldsymbol{B}}{\partial t} = 0 \tag{3-11}$$

注意定常流动这一概念是从欧拉的观点出发的。定常流动并不意味着流体质点在运动过程中状态不变，而是指任意流体质点运动到某个空间点时会处于某种特定状态。

3.2.2 迹线和流线

流体质点运动的轨迹称为迹线。如果给定了速度场 $\boldsymbol{u}=\boldsymbol{u}(x, y, z, t)$，流体经过 $\mathrm{d}t$ 时间移动了 $\mathrm{d}\boldsymbol{r}$ 距离，则该流体质点的迹线微分方程为：

$$\mathrm{d}\boldsymbol{r} = \boldsymbol{u}\mathrm{d}t \tag{3-12}$$

在直角坐标系下为：

$$\frac{\mathrm{d}x}{u_x(x,y,z,t)} = \frac{\mathrm{d}y}{u_y(x,y,z,t)} = \frac{\mathrm{d}z}{u_z(x,y,z,t)} = \mathrm{d}t \tag{3-13}$$

给定初始时刻 t_0 的坐标$(a,\ b,\ c)$，对式(3－13)积分即可确定该流体质点的运动轨迹。

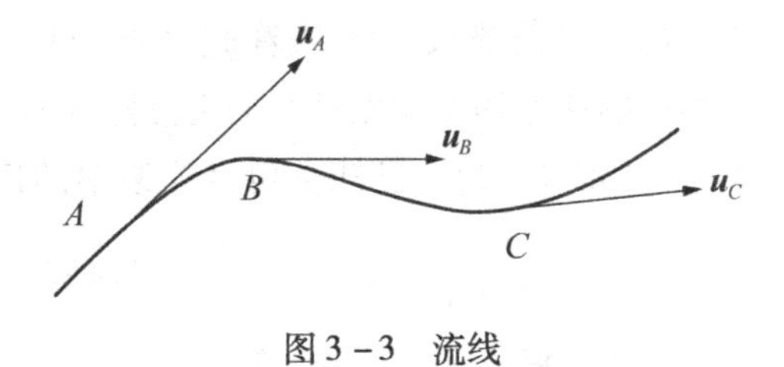

图3－3　流线

流线是用来描述流场中各点流动方向的曲线，在流线上，流体质点的速度与该点的切线方向一致，如图3－3所示。流线描述了相同时刻不同空间点上流体质点的速度方向。

设流线上某点 $M(x,\ y,\ z)$ 的速度方向为 $\boldsymbol{u}(x,\ y,\ z,\ t)$，在该点的切矢量为 $\mathrm{d}\boldsymbol{r}=\boldsymbol{i}\mathrm{d}x+\boldsymbol{j}\mathrm{d}y+\boldsymbol{k}\mathrm{d}z$，根据流线的定义，该向量与 $M(x,\ y,\ z)$ 点的速度方向一致，有：

$$\boldsymbol{u}(x,y,z,t)\times\mathrm{d}\boldsymbol{r}=0 \tag{3-14}$$

在直角坐标系下，有：

$$\boldsymbol{u}\times\mathrm{d}\boldsymbol{r}=\begin{vmatrix}\boldsymbol{i} & \boldsymbol{j} & \boldsymbol{k}\\ u_x & u_y & u_z\\ \mathrm{d}x & \mathrm{d}y & \mathrm{d}z\end{vmatrix}=0$$

即：

$$\frac{\mathrm{d}x}{u_x(x,y,z,t)}=\frac{\mathrm{d}y}{u_y(x,y,z,t)}=\frac{\mathrm{d}z}{u_z(x,y,z,t)} \tag{3-15}$$

式(3－15)就是直角坐标系下的流线方程。需要注意的是，流线由同一时刻不同流体质点组成，因此时间 t 在积分时作为常数处理，表示 t 时刻的流线。

流线具有以下两点性质：

(1)定常流动流线不随时间变化，且流线与迹线重合。

当流体做定常运动时，流体质点的速度仅与位置有关，流场中各点的速度不变，因此流线形状保持不变。在流线上任取一流体质点，该流体质点将沿该时刻的流线运动到达新的位置，并留下一小段轨迹。由于流动定常，该流体质点的速度在新的位置仍然沿着该流线的方向，并在后续的流动中重复这一过程，故流线与迹线重合。若流动非定常，则该流体质点在新的位置速度方向很可能改变，又沿着新的流线运动。因此非定常流动流线和迹线一般不重合。需要指出的是，即使在定常流动中流线与迹线重合，流线与迹线仍然是两个不同的概念。迹线是同一流体质点在不同时刻的位移曲线，与拉格朗日观点对应，而流线是同一时刻、不同流体质点速度矢量与之相切的曲线，与欧拉观点相对应。

(2)同一时刻，过空间一点只能有一条流线(个别点除外)。

同一时刻，空间某一点只会被一个流体质点占据，其速度只有一个值。过一点如果出现多条流线，意味着此处的流体质点速度有多个方向，这是不可能的（速度为0的驻点和速度无穷大的奇点除外）。

【例3-2】 已知直角坐标系中的速度场 $u_x=2x+2t$，$u_y=-2y+2t$，$u_z=0$，试求 $t=0$ 时过 $M\left(-\frac{1}{2},\ -\frac{1}{2}\right)$ 点的流线和迹线。

解：根据式(3-15)有：

$$\frac{dx}{u_x}=\frac{dy}{u_y}$$

代入速度表达式，可得：

$$\frac{dx}{2x+2t}=\frac{dy}{-2y+2t}$$

对坐标 x、y 积分，注意时间 t 作为常数处理，得：

$$\frac{1}{2}\ln(x+t)=-\frac{1}{2}\ln(y-t)+C_0 \Rightarrow (x+t)(y-t)=C_1$$

由于 $t=0$ 时过 $M\left(-\frac{1}{2},\ -\frac{1}{2}\right)$，代入求积分常数：

$$C_1=\frac{1}{4}$$

故 $t=0$ 时过 $M\left(-\frac{1}{2},\ -\frac{1}{2}\right)$ 的流线为：

$$xy=\frac{1}{4}$$

根据式(3-13)有：

$$\frac{dx}{u_x}=\frac{dy}{u_y}=dt$$

代入速度表达式，得：

$$\begin{cases}\dfrac{dx}{2x+2t}=dt\\[2ex]\dfrac{dy}{-2y+2t}=dt\end{cases}$$

注意时间 t 为变量，利用常数变易法求解微分方程得：

$$\begin{cases}x=C_2e^{2t}-t-\dfrac{1}{2}\\[2ex]y=C_3e^{-2t}+t-\dfrac{1}{2}\end{cases}$$

由于 $t=0$ 时过 $M\left(-\frac{1}{2},\ -\frac{1}{2}\right)$，代入求积分常数，有：

$$C_2=0, C_3=0$$

所求的迹线方程为：

$$\begin{cases} x=-t-\dfrac{1}{2} \\ y=t-\dfrac{1}{2} \end{cases}$$

消去时间 t，得迹线方程：

$$x+y=-1$$

注意题目中速度表达式不仅与位置有关，还与时间 t 有关，该流动为非定常流动，流线与迹线不重合，对应的的流线与迹线如图 3－4 所示。

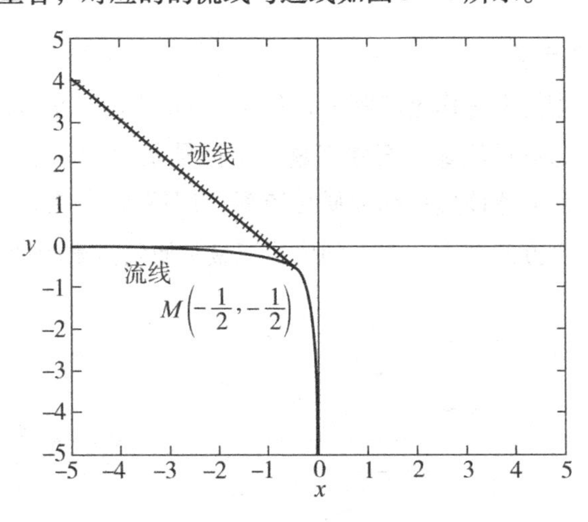

图 3－4　流线与迹线

3.2.3　流管、流量以及平均流速

1. 流管

在流场中取一非流线的曲线，过曲线上每一点做一条流线，这些流线组成的面称作流面。如果该曲线为封闭曲线，这些曲线构成了管状面，称作流管，管内的全部流体称为流束，如图 3－5 所示。由定义可知，流管由流线组成，上面的流体质点速度与所在的面相切，不存在法向速度分量，因此流体无法穿过流管流动。这样流管的效果等同于真实的固体壁面，将内部的流体限制在管内。

当封闭曲线逐渐收缩至面积趋近于0时，此时流束向某条流线收缩，称为微元流束，其断面上流体的物理量可以认为均匀分布。当流管的壁面就是流场区域的界面时，流管内所有流体形成的流动称为总流。

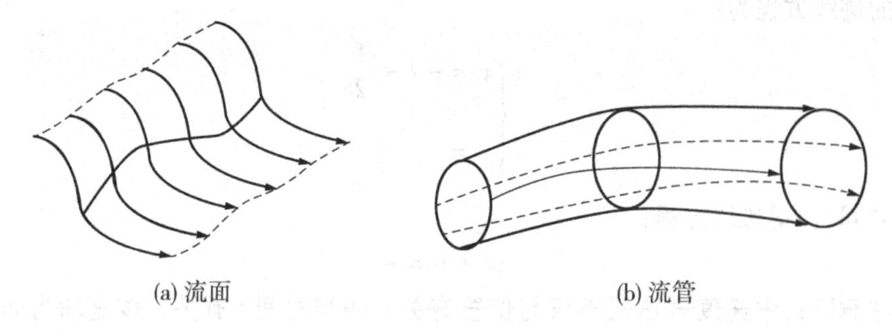

(a) 流面　　(b) 流管

图3－5　流面与流管

2. 流量与平均流速

与流动方向垂直的面称作过流断面，如图3－6所示。单位时间内通过总流过流断面的流体体积称为体积流量，简称流量，用符号 q_V 表示，单位为 m^3/s。单位时间内通过总流过流断面的流体质量称为质量流量，用符号 q_m 表示，单位为kg/s。由于过流断面总是与速度方向垂直，故得到体积流量和质量流量的计算公式：

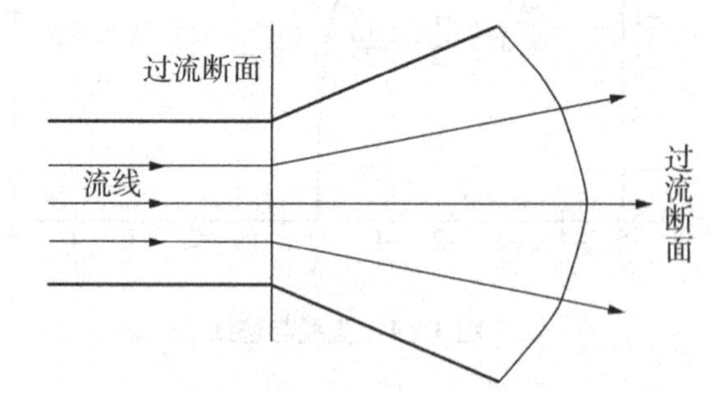

图3－6　过流断面

$$\begin{cases} q_V = \int_A u\mathrm{d}A \\ q_m = \int_A \rho u\mathrm{d}A \end{cases} \tag{3-16}$$

计算过流断面上流速的分布情况通常很困难，在工程计算中引入了平均流速这一概念来简化计算。所谓平均流速，就是假设过流断面上流速相同，以该流速通过过流断面的体积流量与实际流速产生的流量相等。这一概念在实际工程计算中得到了广泛的应用，通常提到管道中流体的流速是多少，指的都是平均流速。根据前面的分析，可以得到平均流速的计算公式：

$$\bar{u}=\frac{q_V}{A}=\frac{\int_A u\mathrm{d}A}{A} \tag{3-17}$$

为简单起见，本书后面部分在不致引起误会的情况下，用 u 表示 $\bar{u}$。

3.2.4　均匀流动和非均匀流动

流线为直线且相互平行的流动称作均匀流动，否则为非均匀流动。非均匀流动又可分为两类：流线间夹角较小，流线虽然是曲线但曲率较小而接近直线的流动称作缓变流动(或者渐变流动)，流速的大小或者方向发生剧烈变化的流动称作急变流动。图 3－7 中，1－2 可视为缓变流动，2－3 和 4－5 为急变流动。

需要指出的是，缓变流动和急变流动是两个不太严格但具有工程意义的概念，二者没有明确的分界线。急变与缓变的区分，既取决于流动条件，又取决于实际的设计目标。

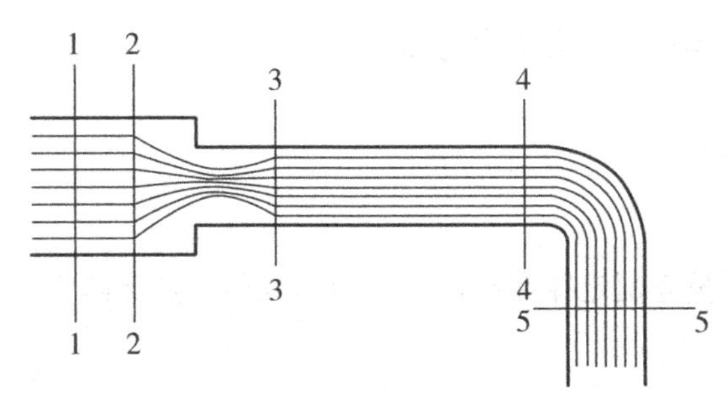

图 3－7　缓变流动与急变流动

3.2.5　一维流动、二维流动以及三维流动

根据运动要素的空间变化，也就是运动参数依赖空间坐标的个数，可以将流体的流动分为一维流动、二维流动以及三维流动。

从本质上讲，实际流动都是发生在三维空间中，因此都是三维流动，这也是流体运动的一般形式。但是在某些条件下，可以对实际的流动进行简化。例如，图 3－8 中水流绕过足够长的圆柱体，若忽略圆柱两端的影响并令圆柱轴线与 z 轴垂直，则可

以认为各点的流动速度都与 Oxy 平面平行，该流动为二维流动。实际工程中的各种细长管道，如煤气管道、水管或者通风管道等，流体的平均流速接近其轴线方向，这类流动经常近似为一维流动，认为运动参数仅与 x 轴有关。

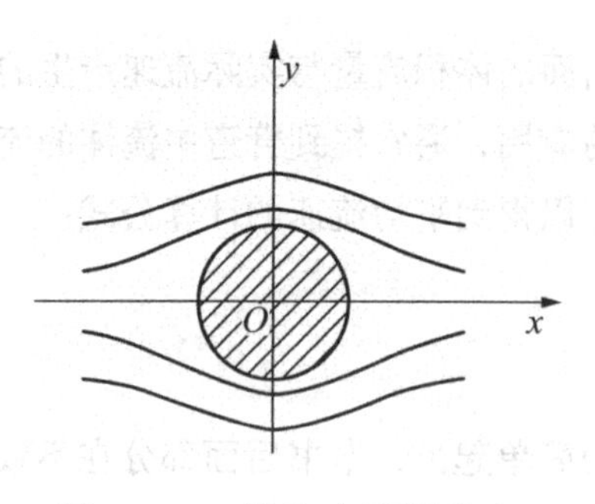

图 3－8　二维流动(圆柱绕流)

3.2.6　系统和控制体

系统指流体质点始终不变的部分或者全部流场，系统由一个封闭的表面包围，称为边界。系统可以由于运动而改变其形状和空间位置，但是系统内的质量保持不变。系统以外的全部流场称为外界，系统与外界可以发生力的作用和能量交换，但没有质量交换。

控制体指流场中相对于坐标系固定且体积保持不变的空间区域，控制体与外界的交界面称作控制面，控制面将流场分为控制体和周围流场。周围流场通过控制面，可以对控制体进行有力的作用和能量交换，也可以与控制体交换质量。

流体的流动特性，使系统的识别存在很大的困难。采用控制体的方法则可以回避这一难题，使对流体运动的分析大为简化。

3.3　连续方程

连续方程是质量守恒定律在流体力学中的应用，是流体力学中最重要、最基本的方程之一。

3.3.1　积分形式的连续方程

流场中任意取一个封闭的曲面 S，该曲面包含的控制体积为 V，如图 3－9 所示。根据前面的讲述，可知 S 为控制面，则单位时间内通过微元曲面 $\mathrm{d}S$ 的质量为 $\rho(\boldsymbol{u}\cdot\boldsymbol{n})\mathrm{d}S$，其中 $\boldsymbol{n}$ 为面积 $\mathrm{d}S$ 外法线方向的单位长度矢量。单位时间内通过封闭曲面 S 的净流出质量为 $\oint\!\!\oint_S \rho(\boldsymbol{u}\cdot\boldsymbol{n})\mathrm{d}S$；单位时间内微元体积减小的质量为

图 3－9　包含控制体积 V 的曲面边界 S

$-\frac{\partial \rho}{\partial t}\mathrm{d}V$，单位时间内控制体积 V 内减少的质量为 $-\iiint\limits_V \frac{\partial \rho}{\partial t}\mathrm{d}V$。根据质量守恒定律，单位时间内通过控制面净流出的质量等于单位时间内控制体积内减少的质量，即：

$$\oint\!\!\!\oint_S \rho(\boldsymbol{u}\cdot\boldsymbol{n})\mathrm{d}S = -\iiint\limits_V \frac{\partial \rho}{\partial t}\mathrm{d}V \tag{3-18}$$

这就是积分形式的连续方程。若流动定常，则 $\frac{\partial \rho}{\partial t}=0$，有：

$$\oint\!\!\!\oint_S \rho(\boldsymbol{u}\cdot\boldsymbol{n})\mathrm{d}S = 0 \tag{3-19}$$

若流体不可压缩，密度为常数，则无论流动是否定常，都存在：

$$\oint\!\!\!\oint_S \rho(\boldsymbol{u}\cdot\boldsymbol{n})\mathrm{d}S = 0 \tag{3-20}$$

即单位时间内流入和流出控制体积的质量相等。

如图 3－10 所示，若控制面一部分 S_3 与流管重合，另外部分 S_1 与 S_2 为上下游的过流断面，根据流管的特性，流体不可能穿过 S_3，故只能由 S_1 与 S_2 进入、离开控制体。若流动定常，根据式(3－19)，有：

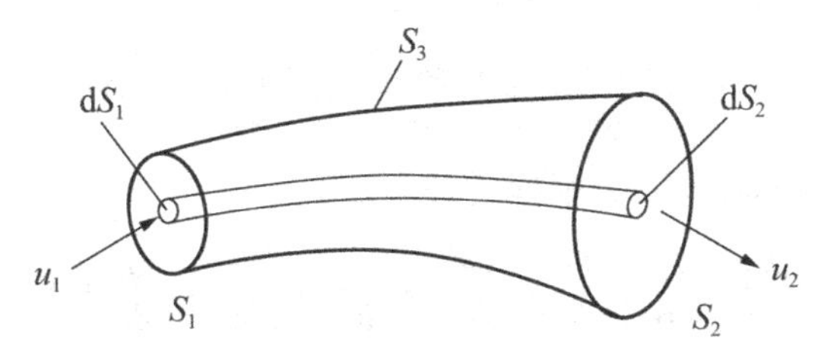

图 3－10　定常流管内的流体流动

$$\oint\!\!\!\oint_S \rho(\boldsymbol{u}\cdot\boldsymbol{n})\mathrm{d}S = \iint\limits_{S_1} \rho(\boldsymbol{u}\cdot\boldsymbol{n})\mathrm{d}S + \iint\limits_{S_2} \rho(\boldsymbol{u}\cdot\boldsymbol{n})\mathrm{d}S + \iint\limits_{S_3} \rho(\boldsymbol{u}\cdot\boldsymbol{n})\mathrm{d}S$$

$$= \iint\limits_{S_1} \rho(\boldsymbol{u}\cdot\boldsymbol{n})\mathrm{d}S + \iint\limits_{S_2} \rho(\boldsymbol{u}\cdot\boldsymbol{n})\mathrm{d}S = 0$$

考虑 S_1 与 S_2 为过流断面，并假设对应的平均流速分别为 u_1 和 u_2，则可得：

$$\rho_1 u_1 S_1 = \rho_2 u_2 S_2 \tag{3-21}$$

即对于流管中的定常流动，流过两个过流断面的质量流量相等。若流体不可压缩，有：

$$u_1 S_1 = u_2 S_2 \tag{3-22}$$

可见对于定常不可压缩流管中的流体运动，流管截面积与平均流速成反比。

3.3.2 微分形式的连续方程

根据高斯定理，有 $\oiint\limits_S \rho(\boldsymbol{u}\cdot\boldsymbol{n})\mathrm{d}S = \iiint\limits_V \nabla\cdot(\rho\boldsymbol{u})\mathrm{d}V$，根据式(3－18)，有：

$$\oiint\limits_S \rho(\boldsymbol{u}\cdot\boldsymbol{n})\mathrm{d}S = \iiint\limits_V \nabla\cdot(\rho\boldsymbol{u})\mathrm{d}V = -\iiint\limits_V \frac{\partial\rho}{\partial t}\mathrm{d}V$$

即：

$$\iiint\limits_V \nabla\cdot(\rho\boldsymbol{u})\mathrm{d}V + \iiint\limits_V \frac{\partial\rho}{\partial t}\mathrm{d}V = \iiint\limits_V \left[\nabla\cdot(\rho\boldsymbol{u}) + \frac{\partial\rho}{\partial t}\right]\mathrm{d}V = 0 \qquad (3-23)$$

由于流动参数连续，且式(3－23)对于任意体积都成立，因此存在：

$$\nabla\cdot(\rho\boldsymbol{u}) + \frac{\partial\rho}{\partial t} = 0 \qquad (3-24)$$

在直角坐标系下，式(3－24)可写为分量形式：

$$\frac{\partial\rho}{\partial t} + \frac{\partial(\rho u_x)}{\partial x} + \frac{\partial(\rho u_y)}{\partial y} + \frac{\partial(\rho u_z)}{\partial z} = 0 \qquad (3-25)$$

若流动为定常流动，则式(3－25)可以简化为：

$$\frac{\partial(\rho u_x)}{\partial x} + \frac{\partial(\rho u_y)}{\partial y} + \frac{\partial(\rho u_z)}{\partial z} = 0 \qquad (3-26)$$

若流体不可压缩，$\rho = \text{constant}$，根据式(3－25)：

$$\frac{\partial\rho}{\partial t} + \frac{\partial\rho}{\partial x} + \frac{\partial\rho}{\partial y} + \frac{\partial\rho}{\partial z} + \frac{\partial u_x}{\partial x} + \frac{\partial u_y}{\partial y} + \frac{\partial u_z}{\partial z} = \frac{\mathrm{d}\rho}{\mathrm{d}t} + \nabla\cdot\boldsymbol{u} = 0$$

则无论流动是否定常都有：

$$\nabla\cdot\boldsymbol{u} = 0 \qquad (3-27)$$

这就是微分形式的连续方程。

连续方程是流体力学的基本方程之一，无论流体的性质如何，其速度场都必须满足连续方程。

【例3－3】 如图3－11所示，三段管路串联，流体不可压缩，管路直径 $d_1 = 1\,\mathrm{m}$，$d_2 = 0.5\,\mathrm{m}$，$d_3 = 0.25\,\mathrm{m}$，已知断面平均流速 $u_3 = 10\,\mathrm{m/s}$，求 u_1、u_2。

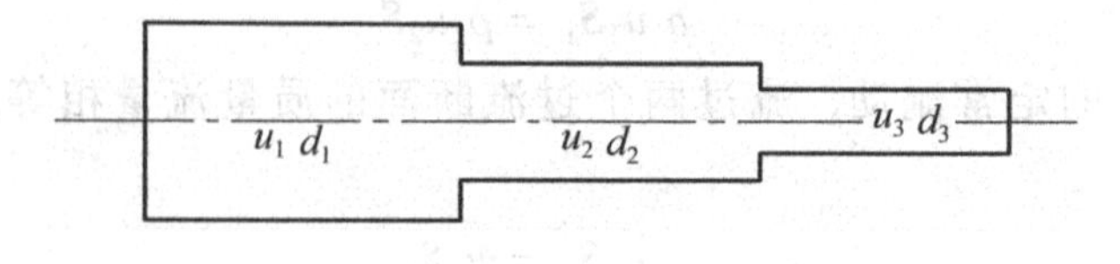

图3－11 例3－3

解：根据连续方程，有：

$$u_1 \frac{\pi d_1^2}{4} = u_2 \frac{\pi d_2^2}{4} = u_3 \frac{\pi d_3^2}{4}$$

可解得：

$$u_1 = 0.625\ \mathrm{m/s}, u_2 = 2.5\ \mathrm{m/s}$$

【例 3－4】 已知二维不可压缩流体的流动流速分布为 $u_x = \frac{x}{x^2+y^2}$，$u_y = \frac{1}{x^2+y^2}(x \neq 0, y \neq 0)$，判断此流动是否有可能存在。

解：该流动若要存在，必须符合连续方程，u_x、u_y分别对 x、y 求偏导数，得：

$$\frac{\partial u_x}{\partial x} = -\frac{2x^2}{(x^2+y^2)^2} + \frac{1}{x^2+y^2}, \quad \frac{\partial u_y}{\partial y} = -\frac{2y^2}{(x^2+y^2)^2} + \frac{1}{x^2+y^2}$$

代入连续方程，得：

$$\frac{\partial u_x}{\partial x} + \frac{\partial u_y}{\partial y} = -\frac{2x^2}{(x^2+y^2)^2} + \frac{1}{x^2+y^2} - \frac{2y^2}{(x^2+y^2)^2} + \frac{1}{x^2+y^2}$$

$$= -\frac{(2x^2+2y^2) - 2(x^2+y^2)}{(x^2+y^2)^2} = 0$$

上式符合连续方程，此流动可能存在。

3.4 流体运动的若干形式

流体运动形式复杂多样，对于不同形式的流动往往有不同的分析方法，下面简单介绍流动形式的一些分类。

1. 不可压缩流动和可压缩流动

不可压缩流动指流体的密度既不随时间变化也不随位置变化的流动，通常情况下液体的流动和气体的低速运动可视为不可压缩流动；可压缩流动指流体的密度随时间或者位置变化的流动，例如气体高速运动时的流动要考虑其压缩性。

2. 无黏流动和黏性流动

无黏流动就是理想流体的流动，流动中不需要考虑黏性力，计算相对较为简单，但解析解有时会与真实情况存在较大差别；实际流体的流动是黏性流动，其对应的方程要复杂很多，计算困难。

3. 定常流动与非定常流动

流场参数随时间变化的流动就是定常流动，否则就是非定常流动。实际工程中，许多流体机械在稳定运行过程中，流体的流动可视为定常流动；在启动或停机时，流体的流动为非定常流动。

4. 内部流动和外部流动

有限边界内的流动称作内部流动，例如管道中和流体机械内流体的流动，内部流动主要关注流量、平均流速以及流动损失；无限边界内的流动称作外部流动，例如飞机、船只等运动时引起的流体运动，外部流动主要关注升力、阻力等。

5. 其他分类

还可以根据运动速度，将流体运动分为亚音速流动和超音速流动；根据流体相的数目，分为单相流动与多相流动；根据运动涉及的空间坐标，分为一维流动、二维流动与三维流动；根据场参数随空间位置的变化，分为均匀流动与非均匀流动；根据流体是否存在旋转，分为有旋流动与无旋流动。

3.5 运动微分方程

流体运动学研究运动和力之间的关系，下面运用力学基本定律建立流体力学的运动微分方程，揭示流动和力之间的关系。

根据前面的讲述，根据流体有无黏性，可以将流体分为理想流体和实际流体。实际上理想流体并不存在，但是理想流体假设可以使得问题大为简化，并且在许多情况下可以得到有实际价值的结论。

3.5.1 欧拉方程

如图 3 - 12 所示，在直角坐标系中取一微元长方体作为控制体积，质量力作用于长方体中心点 M，点 M 处压强为 p，长方体边长分别为 $\mathrm{d}x$、$\mathrm{d}y$、$\mathrm{d}z$，因是微元控制体，其内部流体的密度可以认为是一个定值 ρ。由于流体是理想流体，因此作用于长方体各个面的表面力都垂直于表面，不存在切应力。

下面以 y 方向为例，给出流体的运动微分方程。在 y 方向流体所受质量力为 $\rho\mathrm{d}x\mathrm{d}y\mathrm{d}zf_y$，其中 f_y 为 y 方向单位质量力。对应两个面的压强可以通过对点 M 处压强 p 作泰勒展开并略去二阶微量得到，如图 3 - 12 所示。假定 y 方向速度为 u_y，根据牛顿第二运动定律，可得：

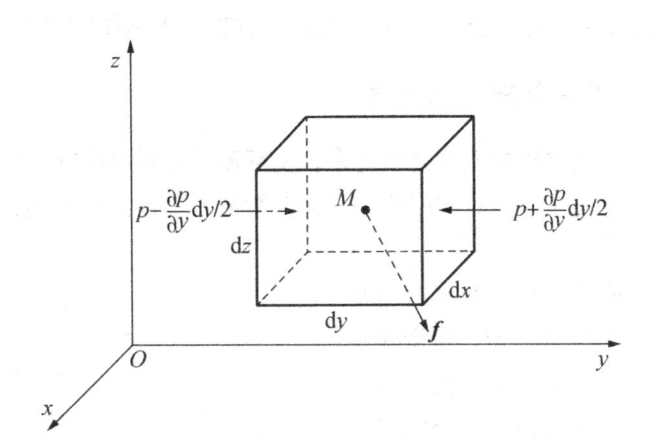

图3－12　理想流体受力分析

$$\left(p-\frac{\partial p}{\partial y}\frac{\mathrm{d}y}{2}\right)-\left(p+\frac{\partial p}{\partial y}\frac{\mathrm{d}y}{2}\right)+\rho\mathrm{d}x\mathrm{d}y\mathrm{d}zf_y=\rho\mathrm{d}x\mathrm{d}y\mathrm{d}z\frac{\mathrm{d}u_y}{\mathrm{d}t}$$

整理得：

$$f_y-\frac{1}{\rho}\frac{\partial p}{\partial y}=\frac{\mathrm{d}u_y}{\mathrm{d}t}$$

在 x、z 方向与此类似，可得：

$$\begin{cases}f_x-\dfrac{1}{\rho}\dfrac{\partial p}{\partial x}=\dfrac{\mathrm{d}u_x}{\mathrm{d}t}\\ f_y-\dfrac{1}{\rho}\dfrac{\partial p}{\partial y}=\dfrac{\mathrm{d}u_y}{\mathrm{d}t}\\ f_z-\dfrac{1}{\rho}\dfrac{\partial p}{\partial z}=\dfrac{\mathrm{d}u_z}{\mathrm{d}t}\end{cases}\tag{3-28}$$

注意式(3－28)右侧为随体导数，将其表示为当地加速度以及迁移加速度，可得：

$$\begin{cases}f_x-\dfrac{1}{\rho}\dfrac{\partial p}{\partial x}=\dfrac{\partial u_x}{\partial t}+u_x\dfrac{\partial u_x}{\partial x}+u_y\dfrac{\partial u_x}{\partial y}+u_z\dfrac{\partial u_x}{\partial z}\\ f_y-\dfrac{1}{\rho}\dfrac{\partial p}{\partial y}=\dfrac{\partial u_y}{\partial t}+u_x\dfrac{\partial u_y}{\partial x}+u_y\dfrac{\partial u_y}{\partial y}+u_z\dfrac{\partial u_y}{\partial z}\\ f_z-\dfrac{1}{\rho}\dfrac{\partial p}{\partial z}=\dfrac{\partial u_z}{\partial t}+u_x\dfrac{\partial u_z}{\partial x}+u_y\dfrac{\partial u_z}{\partial y}+u_z\dfrac{\partial u_z}{\partial z}\end{cases}\tag{3-29}$$

其矢量表达式为：

$$\boldsymbol{f}-\frac{1}{\rho}\nabla p=\frac{\partial\boldsymbol{u}}{\partial t}+(\boldsymbol{u}\cdot\nabla)\boldsymbol{u}\tag{3-30}$$

式(3－28)至式(3－30)是理想流体的运动微分方程，也称作欧拉方程。

3.5.2 纳维－斯托克斯方程

实际流体的流动比理想流体复杂得多，实际流体流动时存在切应力，并且法向应力也与静压力有差别。下面对实际流体的运动微分方程作简要描述，详细推导请参考其他流体力学书籍。

如图3－13所示，在直角坐标系中取一长方体，其中心为点M，所受单位质量力为$\boldsymbol{f}$。对于任意一个表面，将其表面应力分解为三个方向，一个沿着作用面的外法线方向，其余两个与作用面平行且互相垂直。图中用σ表示正应力，τ表示切应力，应力的第一个下标表示作用面法线方向，第二个下标表示该应力的方向。

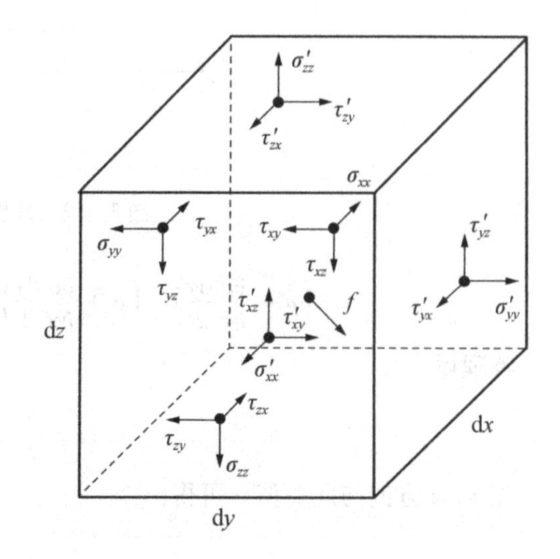

图3－13　实际流体受力分析

以x方向为例，分析流体运动微分方程。流体微元在x方向受力包括质量力$\rho\mathrm{d}x\mathrm{d}y\mathrm{d}zf_x$、表面力$(\sigma'_{xx}-\sigma_{xx})\mathrm{d}y\mathrm{d}z+(\tau'_{yx}-\tau_{yx})\mathrm{d}x\mathrm{d}z+(\tau'_{zx}-\tau_{zx})\mathrm{d}x\mathrm{d}y$。

将σ'_{xx}在σ_{xx}处作泰勒展开，并略去二阶以上小量，得$\sigma'_{xx}-\sigma_{xx}=\dfrac{\partial\sigma_{xx}}{\partial x}\mathrm{d}x$，对其他切应力作同样方式的处理，可得：

$$(\sigma'_{xx}-\sigma_{xx})\mathrm{d}y\mathrm{d}z+(\tau'_{yx}-\tau_{yx})\mathrm{d}x\mathrm{d}z+(\tau'_{zx}-\tau_{zx})\mathrm{d}x\mathrm{d}y=\left(\frac{\partial\sigma_{xx}}{\partial x}+\frac{\partial\tau_{yx}}{\partial y}+\frac{\partial\tau_{zx}}{\partial z}\right)\mathrm{d}x\mathrm{d}y\mathrm{d}z$$

运用牛顿第二定律，得：

$$\left(\frac{\partial\sigma_{xx}}{\partial x}+\frac{\partial\tau_{yx}}{\partial y}+\frac{\partial\tau_{zx}}{\partial z}\right)\mathrm{d}x\mathrm{d}y\mathrm{d}z+\rho\mathrm{d}x\mathrm{d}y\mathrm{d}zf_x=\rho\mathrm{d}x\mathrm{d}y\mathrm{d}z\frac{\mathrm{d}u_x}{\mathrm{d}t}$$

整理得：

$$\left(\frac{\partial\sigma_{xx}}{\partial x}+\frac{\partial\tau_{yx}}{\partial y}+\frac{\partial\tau_{zx}}{\partial z}\right)+\rho f_x=\rho\frac{\mathrm{d}u_x}{\mathrm{d}t}$$

同理可得y、z方向的方程，整理得：

$$\begin{cases}\left(\dfrac{\partial\sigma_{xx}}{\partial x}+\dfrac{\partial\tau_{yx}}{\partial y}+\dfrac{\partial\tau_{zx}}{\partial z}\right)+\rho f_x=\rho\dfrac{\mathrm{d}u_x}{\mathrm{d}t}\\ \left(\dfrac{\partial\sigma_{yy}}{\partial x}+\dfrac{\partial\tau_{xy}}{\partial y}+\dfrac{\partial\tau_{yz}}{\partial z}\right)+\rho f_y=\rho\dfrac{\mathrm{d}u_y}{\mathrm{d}t}\\ \left(\dfrac{\partial\sigma_{zz}}{\partial x}+\dfrac{\partial\tau_{xz}}{\partial y}+\dfrac{\partial\tau_{yz}}{\partial z}\right)+\rho f_z=\rho\dfrac{\mathrm{d}u_z}{\mathrm{d}t}\end{cases} \tag{3-31}$$

写为矢量形式：

$$\rho\frac{\mathrm{d}\boldsymbol{u}}{\mathrm{d}t}=\rho\boldsymbol{f}+\nabla\cdot\boldsymbol{\sigma} \tag{3-32}$$

可以证明，$\boldsymbol{\sigma}$ 为二阶对称张量，在直角坐标系中：

$$\boldsymbol{\sigma}=\begin{bmatrix}\sigma_{xx} & \tau_{xy} & \tau_{xz}\\ \tau_{yx} & \sigma_{yy} & \tau_{yz}\\ \tau_{zx} & \tau_{zy} & \sigma_{zz}\end{bmatrix}$$

式(3－32)称作纳维方程，该方程与欧拉方程相比多了切应力项，结合连续方程也不足以构成完整的求解系。因此需要补充方程数量，斯托克斯提出了在牛顿流体中应力 $\boldsymbol{\sigma}$ 与变形速率之间的本构方程来完成这一任务，得到的方程称作纳维－斯托克斯方程，或 N－S 方程。由于问题的复杂性，在此不展开叙述，下面只给出不可压缩牛顿流体的运动微分方程：

$$\frac{\mathrm{d}\boldsymbol{u}}{\mathrm{d}t}=\boldsymbol{f}-\frac{1}{\rho}\nabla p+\frac{\mu}{\rho}\nabla^2\boldsymbol{u} \tag{3-33}$$

其中 $p=-\dfrac{1}{3}(\sigma_{xx}+\sigma_{yy}+\sigma_{zz})$。在直角坐标系中将式(3－33)展开：

$$\begin{cases}f_x-\dfrac{1}{\rho}\dfrac{\partial p}{\partial x}+\dfrac{\mu}{\rho}\left(\dfrac{\partial^2u_x}{\partial x^2}+\dfrac{\partial^2u_x}{\partial y^2}+\dfrac{\partial^2u_x}{\partial z^2}\right)=\dfrac{\partial u_x}{\partial t}+u_x\dfrac{\partial u_x}{\partial x}+u_y\dfrac{\partial u_x}{\partial y}+u_z\dfrac{\partial u_x}{\partial z}\\ f_y-\dfrac{1}{\rho}\dfrac{\partial p}{\partial y}+\dfrac{\mu}{\rho}\left(\dfrac{\partial^2u_y}{\partial x^2}+\dfrac{\partial^2u_y}{\partial y^2}+\dfrac{\partial^2u_y}{\partial z^2}\right)=\dfrac{\partial u_y}{\partial t}+u_x\dfrac{\partial u_y}{\partial x}+u_y\dfrac{\partial u_y}{\partial y}+u_z\dfrac{\partial u_y}{\partial z}\\ f_z-\dfrac{1}{\rho}\dfrac{\partial p}{\partial z}+\dfrac{\mu}{\rho}\left(\dfrac{\partial^2u_z}{\partial x^2}+\dfrac{\partial^2u_z}{\partial y^2}+\dfrac{\partial^2u_z}{\partial z^2}\right)=\dfrac{\partial u_z}{\partial t}+u_x\dfrac{\partial u_z}{\partial x}+u_y\dfrac{\partial u_z}{\partial y}+u_z\dfrac{\partial u_z}{\partial z}\end{cases} \tag{3-34}$$

结合连续方程，式(3－34)在理论上可以求解。但是 N－S 方程为二阶非线性偏微分方程，求解非常的困难，只在特殊情况下才能得到解析解。

3.6 伯努利方程

3.6.1 理想流体的伯努利方程

在流场中沿着某种路径对欧拉方程进行积分称作伯努利积分，所得的方程叫作伯努利方程。伯努利积分的条件为：①理想流体；②质量力有势；③流体密度只与压力有关，简单起见，在此只分析不可压缩流体；④定常流动；⑤无旋流动，沿流线或者涡线积分，简单起见，在此只分析沿流线积分。

下面从欧拉方程出发导出伯努利方程，欧拉方程可写作：

$$\boldsymbol{f} - \frac{1}{\rho}\nabla p = \frac{\mathrm{d}\boldsymbol{u}}{\mathrm{d}t} \tag{3-35}$$

在流线上取一微元段 $\mathrm{d}\boldsymbol{s}$，对式(3－35)左右两侧作点乘并在直角坐标系下展开，得：

$$(f_x\mathrm{d}x + f_y\mathrm{d}y + f_z\mathrm{d}z) - \frac{1}{\rho}\left(\frac{\partial p}{\partial x}\mathrm{d}x + \frac{\partial p}{\partial y}\mathrm{d}y + \frac{\partial p}{\partial z}\mathrm{d}z\right) = \left(\frac{\mathrm{d}u_x}{\mathrm{d}t}\mathrm{d}x + \frac{\mathrm{d}u_y}{\mathrm{d}t}\mathrm{d}y + \frac{\mathrm{d}u_z}{\mathrm{d}t}\mathrm{d}z\right) \tag{3-36}$$

由于质量力有势，假定质量力势函数为 U，根据式(2－12)，式(3－36)第一项可以写作 $\mathrm{d}U$，根据 2.2.2 节，式(3－36)第二项可写为全微分形式，即 $-\frac{1}{\rho}\mathrm{d}p$。由于是定常流动，流线与迹线重合，故流线上所取的微元段 $\mathrm{d}\boldsymbol{s}$ 可视为流体质点在 $\mathrm{d}t$ 时间内的运动轨迹，也就是$\frac{\mathrm{d}x}{\mathrm{d}t}=u_x$，$\frac{\mathrm{d}y}{\mathrm{d}t}=u_y$，$\frac{\mathrm{d}z}{\mathrm{d}t}=u_z$。式(3－36)右侧可以写为：

$$\left(\frac{\mathrm{d}u_x}{\mathrm{d}t}\mathrm{d}x + \frac{\mathrm{d}u_y}{\mathrm{d}t}\mathrm{d}y + \frac{\mathrm{d}u_z}{\mathrm{d}t}\mathrm{d}z\right) = u_x\mathrm{d}u_x + u_y\mathrm{d}u_y + u_z\mathrm{d}u_z = \frac{1}{2}(\mathrm{d}u_x^2 + \mathrm{d}u_y^2 + \mathrm{d}u_z^2) = \frac{1}{2}\mathrm{d}u^2$$

将各项代入式(3－35)，可得：

$$\mathrm{d}U - \frac{1}{\rho}\mathrm{d}p = \frac{1}{2}\mathrm{d}u^2 \tag{3-37}$$

对式(3－37)积分可得：

$$U - \frac{p}{\rho} - \frac{1}{2}u^2 = \text{constant} \tag{3-38}$$

若建立的直角坐标系 z 轴垂直向上，则 x 轴与 y 轴平行于地面，有：

$$f_x = 0, f_y = 0, f_z = -g$$

则式(3－38)变为：

$$z + \frac{p}{\rho g} + \frac{u^2}{2g} = \text{constant} \tag{3-39}$$

式(3－39)就是理想流体沿流线的伯努利方程，在不同的流线上取不同的值。对于无旋流动，可以证明式(3－39)在整个流场成立。

3.6.2 伯努利方程的物理意义

1. 几何意义

如图3－14所示，伯努利方程中，z是流体质点距离基准面的高度，称为位置水头；$\frac{p}{\rho g}$是表示流体质点在压力作用下能上升的高度，称为压力水头；$\frac{u^2}{2g}$表示以初速度u在重力场中垂直向上运动所能达到的高度，称为速度水头；$z+\frac{p}{\rho g}$称为测压管水头；三者之和称为总水头。在同一流线上，总水头为常数。

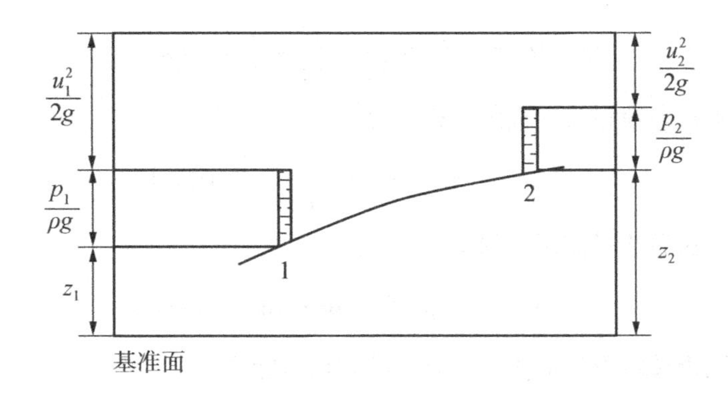

图3－14 伯努利方程的几何意义

2. 物理意义

伯努利方程的每一项都具有能量的意义。z表示单位重量的流体具有的势能；$\frac{p}{\rho g}$表示单位重量的流体具有的压力能；$\frac{u^2}{2g}$表示单位重量的流体具有的动能；三种能量之和为单位重量的流体具有的机械能。在同一流线上，流体具有的机械能为一常数，但是三种能量可以互相转换。

3.6.3 理想流体总流的伯努利方程

对于一般的理想流体流动而言，运用沿流线成立的伯努利方程存在诸多不便，因为实际工程中经常遇到的是过流断面为有限大小的流动，也就是总流。为了实际工程的应用方便，需要将伯努利方程推广到总流上去。

如图 3－15 所示，总流是由无数微元流束组成的，在任意微元流束上单位重量的流体所具有的机械能 e 为 $z+\frac{p}{\rho g}+\frac{u^2}{2g}$，单位时间内流过微元流束断面 dS 流体的重量为 $\mathrm{d}G=\rho gu\mathrm{d}S$，则单位时间内流过微元流束断面 dS 流体的总机械能为：

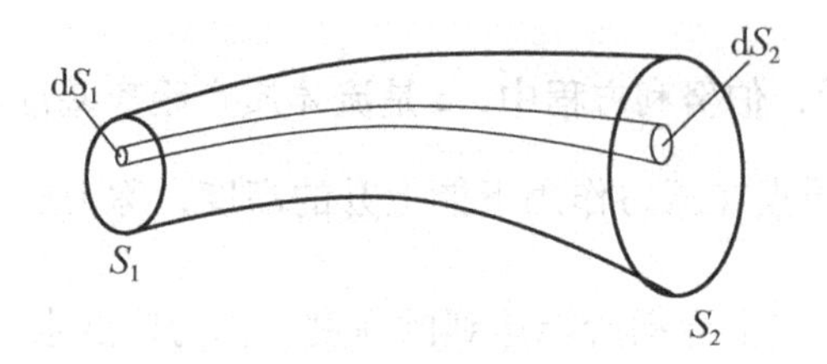

图 3－15　总流和微元流束

$$\mathrm{d}E=e\mathrm{d}G=\left(z+\frac{p}{\rho g}+\frac{u^2}{2g}\right)\rho gu\mathrm{d}S$$

单位时间内通过总流过流断面的总机械能为：

$$E=\int_S\mathrm{d}E=\int_S\left(z+\frac{p}{\rho g}+\frac{u^2}{2g}\right)\rho gu\mathrm{d}S$$

单位时间内通过总流过流断面的重量为：

$$G=\int_S\rho gu\mathrm{d}S=\rho g\int_S u\mathrm{d}S=\rho gQ$$

总流过流断面上单位重量的流体具有的平均机械能为：

$$\bar{e}=\frac{E}{G}=\frac{1}{\rho gQ}\int_S\left(z+\frac{p}{\rho g}+\frac{u^2}{2g}\right)\rho gu\mathrm{d}S \tag{3-40}$$

在总流任意两个过流断面 1、2 上，因没有流动损失，故有 $E_1=E_2$，由于为定常流动且流体不可压缩，有 $G_1=G_2$，因此单位重量的流体具有的平均机械能 $\bar{e}_1=\bar{e}_2$，也就是在流动过程中平均机械能不变。只要求得 $\bar{e}$，即可像在流线上运用伯努利方程那样在总流上运用伯努利方程。

为了解决这一问题，首先分析缓变流动的特性。3.2.4 节已经介绍过缓变流动，缓变流动的流线近似为直线，流线间的夹角很小，近似平行。如图 3－16 所示，在缓变流动过流断面 1－1 上取一微元体，由于是缓变流动，故 1－1 近似为平面并且与流线垂直。由于流体在 1－1 面没有分速度，故受力平衡。假定微元体上下底面积为 dS，质量力只有重力，可得：

$$p_1\mathrm{d}S-p_2\mathrm{d}S-\rho g\cos\alpha\mathrm{d}l\mathrm{d}S=0 \tag{3-41}$$

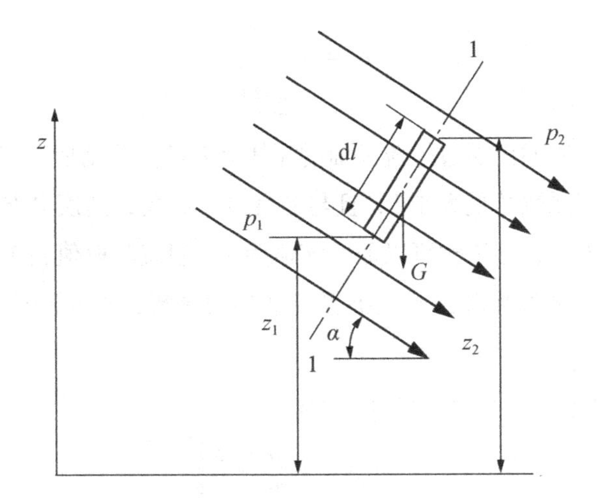

图 3－16　缓变过流断面的特性

由于 $\mathrm{d}l\cos\alpha = z_2 - z_1$，代入式(3－41)可得：

$$p_1\mathrm{d}S - p_2\mathrm{d}S - \rho g(z_2 - z_1)\mathrm{d}S = 0$$

整理后得：

$$\frac{p_1}{\rho g} + z_1 = \frac{p_2}{\rho g} + z_2 \tag{3-42}$$

由于所取的微元体的任意性，有 $\frac{p_1}{\rho g} + z_1 = \mathrm{constant}$，可见缓变过流断面压强分布与静止流体压强分布规律相同，测压管水头为常数。

由式(3－42)，可得：

$$\bar{e} = \frac{1}{\rho g Q}\int_S \left(z + \frac{p}{\rho g} + \frac{u^2}{2g}\right)\rho g u \mathrm{d}S = \frac{1}{\rho g Q}\left[\int_S \left(z + \frac{p}{\rho g}\right)\rho g u \mathrm{d}S + \int_S \frac{u^2}{2g}\rho g u \mathrm{d}S\right] \tag{3-43}$$

对于缓变过流断面，由于测压管水头为常数，故式(3－43)右侧第一项可写为：

$$\frac{1}{\rho g Q}\int_S \left(z + \frac{p}{\rho g}\right)\rho g u \mathrm{d}S = z + \frac{p}{\rho g}$$

由于式(3－43)右侧第二项积分的速度 u 为变量，且其分布规律一般很难求得，因此经常使用平均速度 $\bar{u}$，这样必然带来计算误差，因此采用动能修正系数 α 对其修正，动能修正系数定义为：

$$\alpha = \frac{\frac{1}{2}\int_S \rho u^3 \mathrm{d}S}{\frac{1}{2}\rho \bar{u}^3 S} \tag{3-44}$$

其物理意义为单位时间内通过过流断面的流体具有的实际动能与按平均流速计算的动能之比。动能修正系数总是大于1，且与速度分布有关，速度分布越不均匀，这个值越大。对于管流而言，层流时可以证明该值为2，湍流时取值在1.05～1.1。在实际工程中，由于速度水头所占比例较小且流动多为湍流，因此若非特别说明，一般取$\alpha=1$。

通过以上分析，式(3-43)可整理为：

$$\bar{e} = z + \frac{p}{\rho g} + \frac{\alpha \bar{u}^2}{2g} \tag{3-45}$$

注意式(4-45)要求所取的断面为缓变过流断面，在总流中任取两个缓变过流断面(断面间可以有急变流动)，都有：

$$z_1 + \frac{p_1}{\rho g} + \frac{\alpha \bar{u}_1^2}{2g} = z_2 + \frac{p_2}{\rho g} + \frac{\alpha \bar{u}_2^2}{2g} \tag{3-46}$$

3.6.4 实际流体总流的伯努利方程

由于实际流体存在黏性，在流动中必然存在摩擦，从而会消耗部分机械能，因此总的机械能在流动过程中会降低。假定流动从断面1流向断面2，流动过程中的机械能损耗为h_w，实际流体的总流伯努利方程可写作：

$$z_1 + \frac{p_1}{\rho g} + \frac{\alpha \bar{u}_1^2}{2g} = z_2 + \frac{p_2}{\rho g} + \frac{\alpha \bar{u}_2^2}{2g} + h_w \tag{3-47}$$

其适用条件为：①不可压缩流体；②定常流动；③质量力只有重力；④沿程流量保持不变；⑤所选断面为缓变过流断面；⑥两个断面之间没有机械能的输入、输出(泵、风机、水轮机等)。

运用伯努利方程式时需要注意：①必须注意上述适用条件是否满足；②方程中位置水头是相对而言的，通常取两个位置中较低的那个基准面；③所选断面必须是缓变过流断面，两个断面之间可以存在急变流动，一个过流断面选在待求未知量所在断面上，另一个断面尽可能包含多的已知量，平均流速通过连续方程求得；④两个断面压力标注一致，全部用表压或者绝对压强。

3.6.5　伯努利方程的应用

1. 皮托管

如图 3 - 17 所示，皮托管使用两根细管，测压管与来流方向垂直测量流体的静压强，测速管正对来流方向，将来流的动能转换为压力能，因此测得的是来流的总压，图中 2 点的速度为 0，称作驻点。对于图 3 - 17 流线上的 1、2 两点列出伯努利方程：

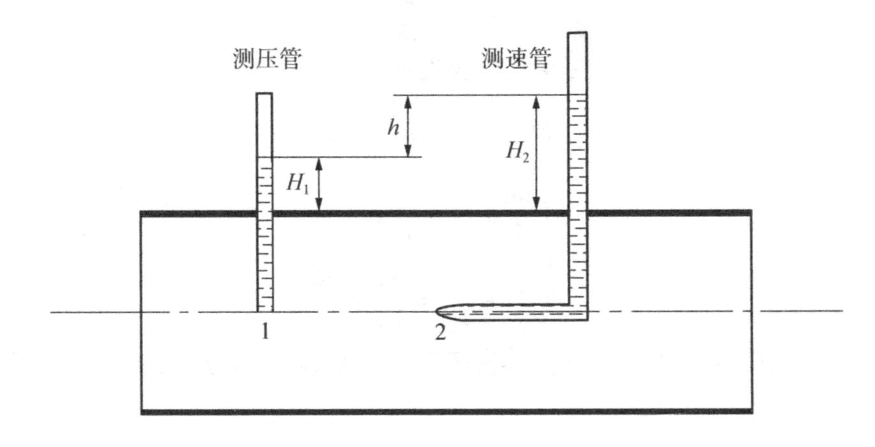

图 3 - 17　皮托管

$$\frac{p_1}{\rho g}+\frac{u_1^2}{2g}=\frac{p_2}{\rho g}$$

据此测得 1 点的速度为：

$$u_1=\sqrt{\frac{2(p_2-p_1)}{\rho}}=\sqrt{2gh}$$

通常将 1 点的压强 p_1 称为静压，$\frac{u_1^2}{2g}$称为动压，二者之和称为总压或者全压。皮托管在实际使用中要考虑细管对流动的影响和流动损失，需要乘以一个系数加以修正。

2. 文丘里流量计

如图 3 - 18 所示，文丘里流量计是一个装在管道中测量管道液体体积流量的装置。流量计由扩散段、喉部以及收缩段组成。由图 3 - 18 可以看出，截面 1 - 1、2 - 2均为缓变过流断面，取过轴线并与地面平行的平面作为基准面，并假定动能修正系数 $\alpha=1$，运用伯努利方程和连续方程，有：

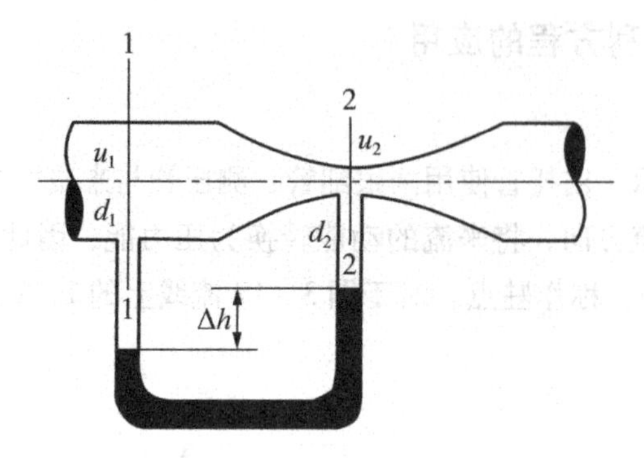

图 3-18　文丘里流量计

$$
\begin{cases}
\dfrac{\pi d_1^2}{4}u_1 = \dfrac{\pi d_2^2}{4}u_2 \\[2ex]
\dfrac{p_1}{\rho g} + \dfrac{u_1^2}{2g} = \dfrac{p_2}{\rho g} + \dfrac{u_2^2}{2g}
\end{cases}
$$

若管内流体密度为 ρ，压差计内液体密度为 ρ_1，有 $\Delta p = \Delta h(\rho_1 - \rho)g$，解方程可得喉部流速：

$$
u_0 = \sqrt{\frac{2\Delta p/\rho}{1 - (d_2/d_1)^4}} = \sqrt{\frac{2g\Delta h(\rho_1/\rho - 1)}{1 - (d_2/d_1)^4}}
$$

体积流量为：

$$
Q = \eta \frac{\pi d_2^2}{4}\sqrt{\frac{2g\Delta h(\rho_1/\rho - 1)}{1 - (d_2/d_1)^4}}
$$

式中，η 为考虑截面上流速分布不均引起的修正系数，实际使用时对文丘里流量计的安装有严格要求，需要按照使用说明执行。其他节流式流量计，如孔板流量计和喷嘴流量计，其原理与此类似。

3. 虹吸管

如图 3-19 所示，水在虹吸管作用下由水缸流出，在 0-0 面和 1-1 面之间列伯努利方程，不考虑流动损失，有：

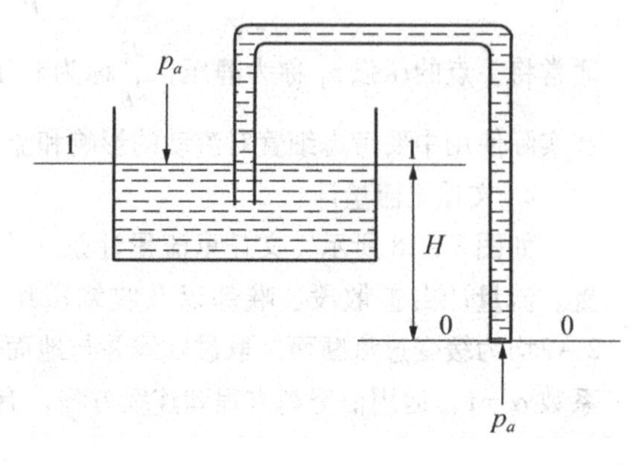

图 3-19　虹吸管

$$z_1 + \frac{p_1}{\rho g} + \frac{u_1^2}{2g} = z_0 + \frac{p_0}{\rho g} + \frac{u_0^2}{2g}$$

取0－0面为基准面，则$z_0=0$，$z_1=H$，1－1面和0－0面表压为0，在1－1面和0－0面运用连续方程，有$\frac{u_1}{u_0}=\frac{S_0}{S_1}$，由于$S_1 \gg S_0$，故$u_1 \approx 0$，据此可求得：

$$u_0 = \sqrt{2gH}$$

该速度与重物从高处下落的速度相同。

习　题

3－1　设流体质点的轨迹方程为$\begin{cases} x = e^t - t + 1 \\ y = e^t + t - 1 \\ z = 1 \end{cases}$，试求：

(1) $t=0$时，位于(2，2，1)处的流体质点的轨迹方程。

(2)任意流体质点的速度。

(3)用两种方法求流体质点的加速度：用欧拉法表示上面流动的速度场，然后再求加速度场，或者用拉格朗日法求得质点的加速度后，再换算成欧拉法的加速度场，比较两者结果是否相同？

3－2　已知流场中速度分布为$\begin{cases} u_x = 2yz + 3t \\ u_y = 2xz \\ u_z = 2xy \end{cases}$，求：

(1)此流动是否为定常流动？

(2) $t=2$时流场中(2，3，5)点的加速度。

3－3　已知流场中速度分布为$\begin{cases} u_x = 3x \\ u_y = 5y \\ u_z = 2t \end{cases}$，求$t=2$时点(2，5，3)的当地加速度、迁移加速度、流体质点的加速度。

3－4　已知直角坐标系中，二维流动的速度场为$\begin{cases} u_x = x^2 + 2x \\ u_y = -2xy - 2y \end{cases}$，压力场为$p = 4x^2 - 2y^2$，求$\frac{dp}{dt}$。

3－5　已知直角坐标系中，二维流动的速度场为$\begin{cases} u_x = x + 2t \\ u_y = y + 2 \end{cases}$，求$t=1$时刻过

(1, 2)点的流线方程和迹线方程。

3－6　二维流动的速度分布为 $u_x = \frac{x}{x^2 + y^2}$，$u_y = \frac{y}{x^2 + y^2}$，求过点(2, 2)的流线方程。

3－7　平面不可压缩流动的速度分布为 $u_x = x^2 + 2x + y$，$u_y = -2xy - 2y + x$，试确定流动是否有可能存在?

3－8　已知某段变直径水管管径 $d_1 = 10\ \mathrm{mm}$，$d_2 = 20\ \mathrm{mm}$，$d_3 = 40\ \mathrm{mm}$，试求当流量为 $4 \times 10^{-3}\ \mathrm{m^3/s}$ 时，各段的平均流速。

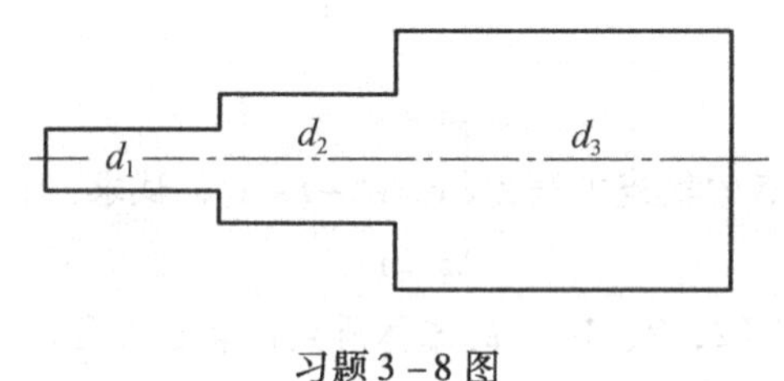

习题3－8图

3－9　截面为 200 mm × 400 mm 的矩形风道，风量为 2500 $\mathrm{m^3/h}$，求平均流速。如风道出口截面收缩为 100 mm × 400 mm，求该截面的平均流速(低速流动时，空气可当作不可压缩流体)。

3－10　理想不可压缩流体在重力作用下作定常流动，已知速度分量为 $u_x = 3x$，$u_y = -3y$，$u_z = 1$，给出该流体的运动微分方程(假定 z 轴垂直向上)。

3－11　蓄水池某处用虹吸管取水，结构如图所示，虹吸管的最高点距水面 2 m，出水口在水面以下 4 m 处，忽略一切流动损失并假定蓄水池水位不变，试求虹吸管中的流速 u 和最高点处的压强。

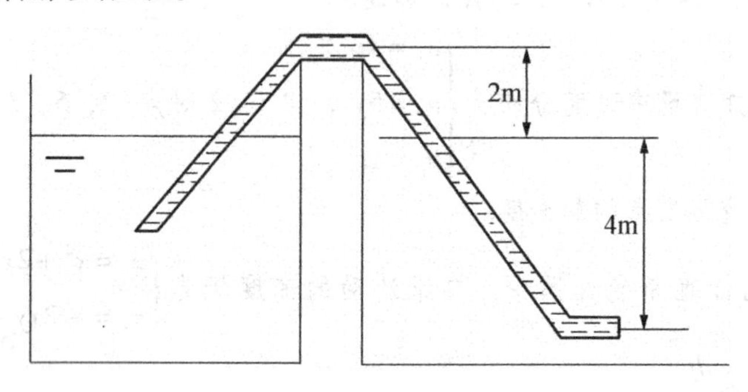

习题3－11图

3－12　如图所示，已知 $d_A = 0.2\ \mathrm{m}$，$d_B = 0.5\ \mathrm{m}$，高度差 $h = 2\ \mathrm{m}$，测得表压为

$p_A = 5 \times 10^4$ Pa，$p_B = 2 \times 10^4$ Pa，管中流体为水，体积流量为 0.3 m^3/s，判断管中水的流动方向并求水头损失。

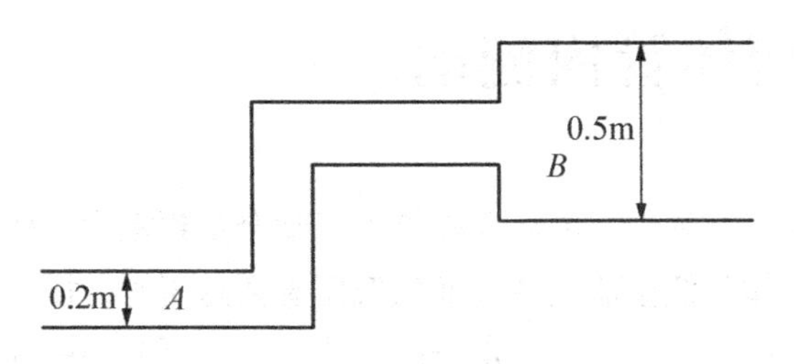

习题 3－12 图

3－13　如图所示，水沿着管道向下流动，A、B 两点相距 4 m，用压力表测两点的压强，得到的读数相同，已知大管的直径 $D = 0.1$ m，管内水的平均流速为 3 m/s，求小管直径 d，不考虑流动损失。

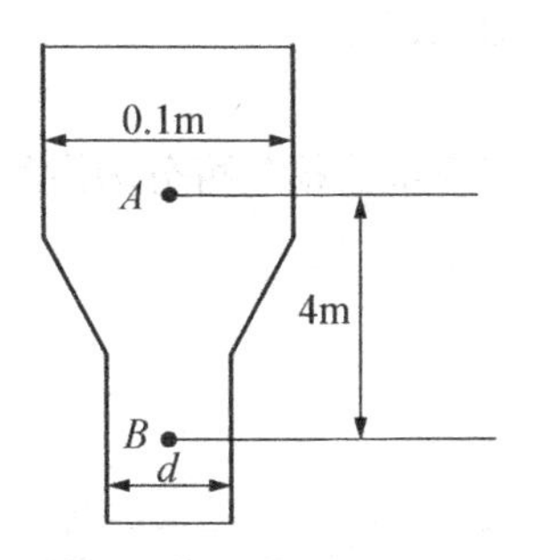

习题 3－13 图

4 实际流体管内流动

由于实际流体存在黏性，流体在圆管中流动会受到阻力的作用，从而引起流体能量的损失。针对流体从低位流到高位或从低压流到高压时，需要输送设备对流体提供的能量，以及从高处向低处输送一定量的流体时，水泵安装的高度等流体输送过程中常遇到的问题，本章考虑圆管中黏性作用的实际流体流动的能量损失的一般规律，分别探索层流和湍流两种流动状态下的速度分布、阻力规律，并计算管内实际流体的能量损失等，为实际管路流动问题的工程实践研究奠定基础。

4.1 管路计算的基本方程式

如图 4－1 所示的实际管路中水头损失可分为沿程损失和局部损失。

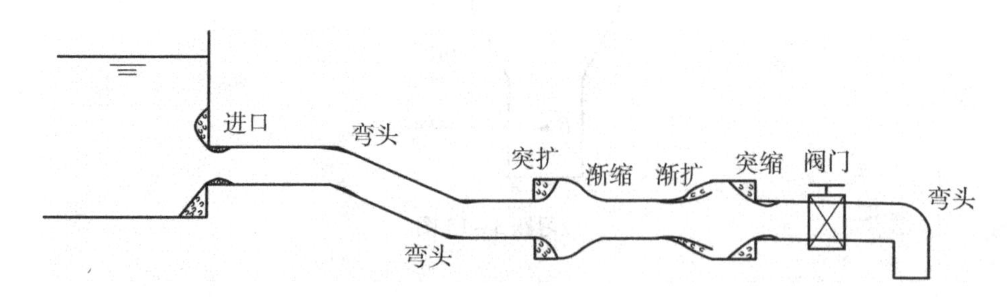

图 4－1　实际管路中水头损失

(1)沿程损失，即沿水流的长度上单位重量的流体因与管壁发生摩擦，以及流体之间的内摩擦而损失的能量，以 h_f 表示。不同直径的管段的沿程损失一般是不同的。总的沿程损失为各分段损失之和，即：

$$h_f = \sum h_{f_i} \tag{4-1}$$

(2)局部损失，即由于管径局部的改变(突扩、突缩、渐扩、渐缩等)，以及方向的改变(弯头)，或者由于安装了某些配件(阀门、量水表等)而产生的额外的能量损失，以 h_j 表示。管道输运的流体流经过上述局部地方要产生大量的旋涡，这些旋涡的能量不断地转变为热能而逸散于流体中，从而使流体的总机械能减少，即为局部阻力。总的局部损失为各个局部损失之和，即：

$$h_{\mathrm{j}} = \sum h_{\mathrm{j}_i} \tag{4-2}$$

总的水头损失为：

$$h_{\mathrm{w}} = h_{\mathrm{f}} + h_{\mathrm{j}} = \sum h_{\mathrm{f}_i} + \sum h_{\mathrm{j}_i} \tag{4-3}$$

在大多数情况下，要想完全从理论上求出 h_w 是不可能的，一般依靠实验或者半理论半经验公式来计算。

关于沿程损失的计算，一般采用第 5 章将要介绍的达西实验与量纲分析获得的达西公式，它明确地显示了 h_{f} 和哪些因素有关，有：

$$h_{\mathrm{f}} = \lambda \frac{l}{d} \frac{u^2}{2g} \tag{4-4}$$

式中，u 是管截面的平均流速；而$\frac{u^2}{2g}$是单位重量流体的动能，在水力学中称为速度头，通常习惯于把各种阻力损失表示为速度头的若干倍；d 是管径；λ 是一个比较小的无因次系数，称为沿程损失系数，它和流体的性质（黏性、密度）、管子的粗糙度，以及流速和流动状态有关，其具体规律后面还要详细讨论。

局部损失的计算，也采用类似于达西公式的计算公式：

$$h_{\mathrm{j}} = \xi \frac{u^2}{2g} \tag{4-5}$$

式中，ξ 为局部损失系数，它和局部损失的具体形式有关，通常依靠实验来决定；u 通常取发生局部损失后的下游速度。

4.2 流态分类及判别方法

通常，圆管中流体流动的沿程阻力随流速增大而增大，但当流速超过某一数值后阻力会急剧增加。1883 年英国物理学家雷诺通过大量的实验研究发现，实际管路中的流体存在两种性质完全不同的流动状态。如图 4－2 所示，实验开始前玻璃管上的阀门 A 和颜色水的阀门 B 都是关闭的，实验过程中由阀门 A 控制管路得到不同的流速，通过打开颜色水（一般为红色）的阀门 B 将纤细的红色流束引入玻璃管主流，以观察玻璃管中主流的流动状态。

（1）当主流的速度较低时，如拧开控制红色水的阀门 B，玻璃管中出现一条红色的直线，如图 4－3a 所示。这时管中的水流是互不掺混的分层的流动，而且很有秩序，各层间互不干扰，红色液体能够保持在一层内流动而不染其他层，这种流动称为层流。

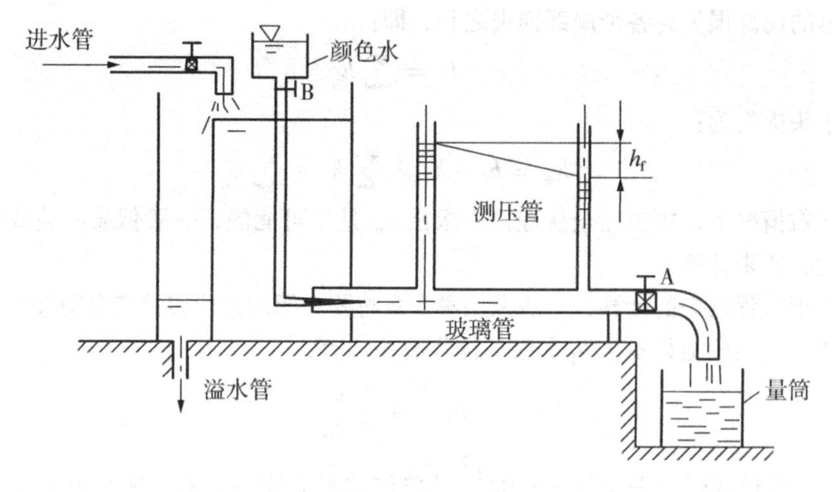

图 4-2　雷诺实验装置

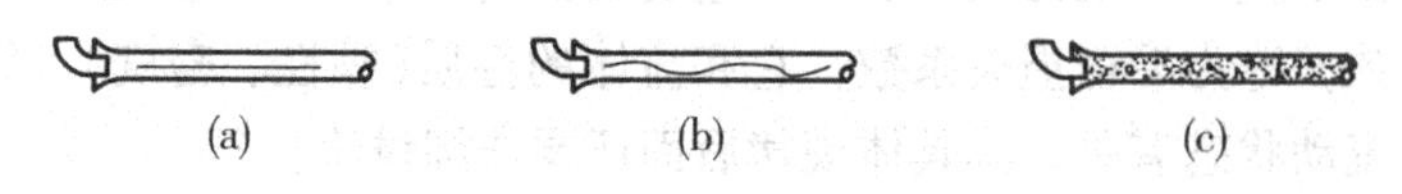

图 4-3　雷诺实验结果

(2)当主流流速增大到一定数值时，红色流束开始振荡，如图 4-3b 所示；如果流速再稍增加，振荡的红色流束便会突然破裂，而与周围的流体相混，红色扩散至整个玻璃管内，如图 4-3c 所示。这时流体质点作复杂的无规则的运动，这种流动状态称为湍流。由层流过渡到湍流对应的速度称为上临界速度，以 u_c' 表示。

(3)如果在进行实验时，速度由大到小逐渐降低，则会发现，当流速降低到比上临界速度更低(称为下临界速度 u_c)时，处于湍流状态的流动便会稳定地转变为层流状态，红色流束又重新成为一条明晰的细小的直线。

由雷诺实验可知，黏性流体确实存在两种流动状态——层流与湍流。

究竟如何判断管中流动是层流还是湍流？仅采用临界速度来描述并不全面。针对不同管径的圆管重复上述实验的结果发现由层流到湍流的转捩，还与另一些因素有关：如管径 d 越大越容易变为湍流，黏性 ν 越大越不易变为湍流。雷诺采用无因次数：

$$Re = \frac{ud}{\nu} = \frac{\rho ud}{\mu} \tag{4-6}$$

式(4-6)即为雷诺数，其物理意义表明，作用于流体上的惯性力与黏性力之比越小，说明黏性力的作用越大，流动就越稳定；比值越大，说明惯性力的作用越大，流动就越紊乱。

实验表明不论流体的性质和管径如何变化，圆管流动的下临界雷诺数 $Re_c = \frac{u_c d}{\nu}$ 总是稳定在2300左右，而上临界雷诺数 $Re'_c = \frac{u'_c d}{\nu}$ 可达13 800，甚至更高，主要与实验的环境条件和流动的初始状态有关，通常采用下临界雷诺数作为判别层流和湍流的准则：①当流动的 $Re < Re_c$ 时，流动为层流；②当 $Re > Re'_c$ 时，流动为湍流；③当 $Re_c < Re < Re'_c$ 时，可能是层流，也可能是湍流，处于极不稳定的状态，称为过渡状态。在过渡状态，即使是小心地实验，可以保持层流，但是只要稍有扰动，层流瞬间被破坏而变为湍流，这与实验的起始状态有无扰动等因素有关，上临界雷诺数在工程上没有实用意义。

式(4－6)中的 d 代表的是管道的特征尺寸，对于圆管就是管道直径；对于非圆形断面管道，一般用水力半径 R 来表示。图4－4分别表示充满、未充满和开放流道的过流断面。

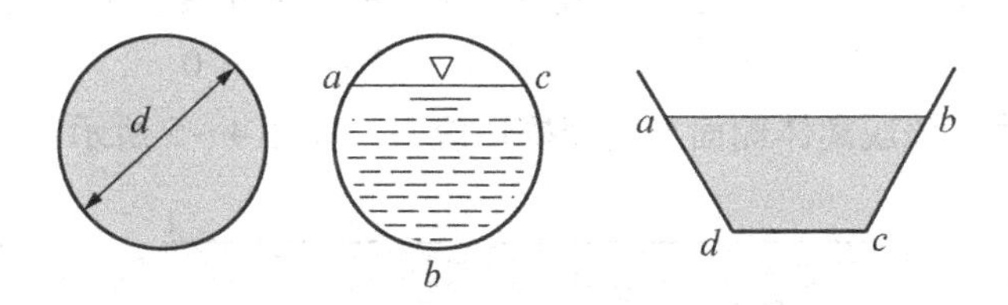

图4－4　三种过流断面

水力半径定义为管道总流的过流断面面积 A 和与液体相接触的过流断面湿周(润湿周界的长度) l 之比，即：

$$R = \frac{A}{l} \tag{4-7}$$

根据上述定义，图4－4所示的圆管的水力半径 $R = A/l = \pi d^2/4\pi d = d/4$，说明圆管直径是水力半径的4倍，如果式(4－6)中的 d 用圆管的水力半径 R 代入，判别流动状态的下临界雷诺数即约为2300/4。

4.3　圆管中的层流运动

圆管中的流动雷诺数 $Re \leqslant 2300$ 时即为层流运动。工程中层流的工况很多，如黏

性较大的油液流动、液压传动、轴承润滑油膜内的流动、低速水流等；又如人体毛细血管中的血液流动雷诺数约为0.07，大动脉血流雷诺数约为200，均属层流。

由于层流运动很有规则，全部质点都次序分明，互相平行，而且各层次之间既不互相穿过也不互相掺混，因此层流运动的数学分析比较简单，基本问题是求管道截面上的速度分布和沿程损失的精确解。

针对圆管中层流运动的研究，本节主要讨论圆管内黏性不可压缩流体的匀速层流流动。此情况可以视为无数独立的、无限薄的圆环形流体层，以不同的速度在管中流动。受黏性作用，管壁处的流体质点的速度为0，而在圆管中心处的速度最大。

设圆管半径为R，圆管中心线与水平轴线重合。现在考虑半径为r、长度为l的一段流体微元体，其两端的压力分别为p_1和p_2。根据实际流体的伯努利方程式有：

$$z_1 + \frac{p_1}{\gamma} + \frac{u_1^2}{2g} = z_2 + \frac{p_2}{\gamma} + \frac{u_2^2}{2g} + h_w \tag{4-8}$$

对于水平等截面圆管，有$z_1=z_2$、$u_1=u_2$，不考虑管段内的局部阻力，即$h_w=h_f$，有：

$$\frac{p_1 - p_2}{\gamma} = h_f \tag{4-9}$$

就是说，该微元体两端面的压力水头差，就等于该段中间的沿程阻力水头损失。

另一方面，由于该脱离体的加速度等于0，故作用于其上的合力等于0，因此：

$$(p_1 - p_2)\cdot \pi r^2 + \tau \cdot 2\pi r \cdot l = 0 \tag{4-10}$$

式中，τ为作用于该脱离体侧面上的摩擦切应力，如图4-5所示。

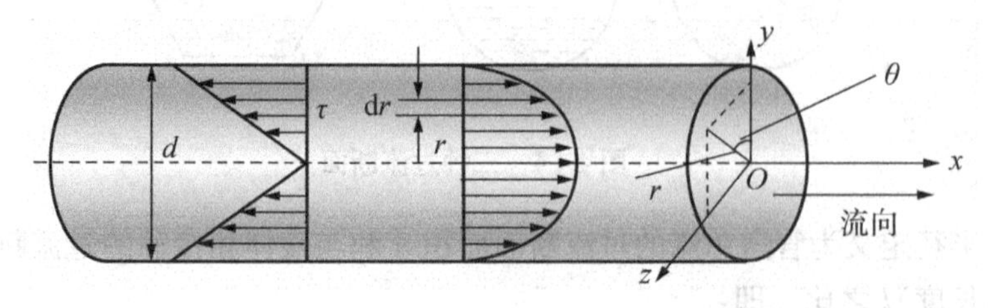

图4-5　圆管层流流动切应力与速度分布

因流动是层流，故根据牛顿内摩擦定律，有$\tau=\mu\frac{du}{dr}$。u随着半径增大逐渐减小，即$\frac{du}{dr}<0$，故τ沿着x轴的负方向，即阻碍流动。

将τ代入式(4-10)得：

$$p_1 - p_2 = -\frac{2\mu l}{r}\frac{du}{dr} \tag{4-11}$$

即：

$$h_{\mathrm{f}} = \frac{p_1 - p_2}{\rho g} = -\frac{2\mu l}{\rho g r}\frac{\mathrm{d}u}{\mathrm{d}r} \tag{4-12}$$

或：

$$\mathrm{d}u = -\frac{\rho g h_{\mathrm{f}}}{2\mu l} r\mathrm{d}r \tag{4-13}$$

沿半径积分，得速度 u：

$$u = -\frac{\rho g h_{\mathrm{f}}}{4\mu l} r^2 + C \tag{4-14}$$

式中，C 为积分常数，由边界条件决定。

在管壁处，$r=R$，而 $u=0$，故 $C=\frac{\rho g h_{\mathrm{f}}}{4\mu l}R^2$，将 C 值代入式(4－14)，得：

$$u = \frac{\rho g h_{\mathrm{f}}}{4\mu l}(R^2 - r^2) \tag{4-15}$$

由式(4－15)可知，速度 u 沿半径的分布是一抛物线，在整个管内的速度分布是将该抛物线绕管轴旋转而得到的旋转抛物面。在圆管中心处，$r=0$，其速度达到最大值，即：

$$u_{\max} = \frac{\rho g h_{\mathrm{f}}}{4\mu l}R^2 \tag{4-16}$$

通常是利用管路的平均流速来计算水头损失的，若圆管中体积流量为 Q，则平均流速 $\bar{u}$ 为：

$$\bar{u} = \frac{Q}{\pi R^2} \tag{4-17}$$

为了确定 Q 的大小，在半径为 r 的地方，取一宽度为 dr 的圆环，如图 4－6 所示。

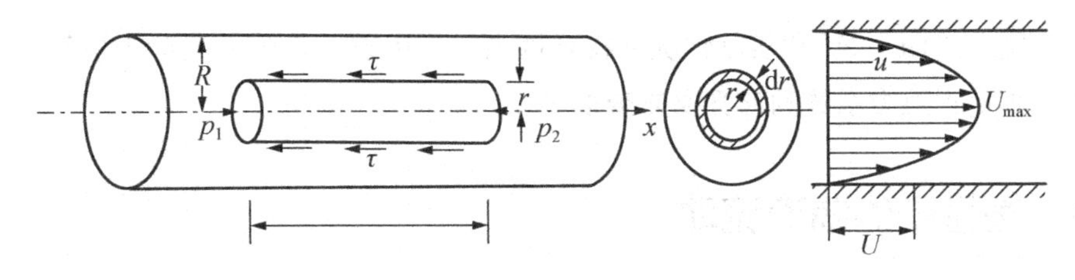

图 4－6　圆管层流流动受力分析与速度分布

其截面积为 $2\pi r\mathrm{d}r$，经过此圆环的流量 dQ 为：

$$\mathrm{d}Q = u \cdot 2\pi r\mathrm{d}r \tag{4-18}$$

沿半径积分，得圆管的流量：

$$Q = \frac{\pi\rho g h_{\mathrm{f}}}{2\mu l}\int_0^R (R^2 - r^2) r\mathrm{d}r = \frac{\pi\rho g h_{\mathrm{f}}}{2\mu l}\left[\frac{R^2 r^2}{2} - \frac{r^4}{4}\right]\Bigg|_0^R = \frac{\pi\rho g h_{\mathrm{f}}}{8\mu l}R^4 \tag{4-19}$$

所以平均流速为：

$$\bar{u} = \frac{Q}{\pi R^2} = \frac{\rho g h_{\mathrm{f}}}{8\mu l}R^2 \tag{4-20}$$

比较式(4－16)和式(4－20)，可知：

$$\bar{u} = \frac{1}{2}u_{\max} \tag{4-21}$$

即圆管中层流的平均流速等于其中心处最大流速之半。式(4－21)说明在层流运动中，沿管截面的速度分布是很不均匀的。

最后，对于沿程损失问题，由式(4－20)解出 h_{f}，有：

$$h_{\mathrm{f}} = \frac{8\mu l}{\rho g}\frac{\bar{u}}{R^2} = \frac{32\mu l}{\rho g}\frac{\bar{u}}{d^2} \tag{4-22}$$

式中，d 为圆管的直径。式(4－22)表明，在层流状态，h_{f} 和 $\bar{u}$ 的一次方成正比。而充分发展的湍流，h_{f} 总是和 $\bar{u}$ 的平方成正比的，这一点后文还会述及。

将式(4－22)与习惯上经常应用的达西公式 $h_{\mathrm{f}} = \lambda \frac{l}{d}\frac{\bar{u}^2}{2g}$进行比较，即：

$$\lambda \frac{l}{d}\frac{\bar{u}^2}{2g} = \frac{32\mu l\bar{u}}{\rho g d^2} \tag{4-23}$$

可得：

$$\lambda = \frac{64}{\frac{\bar{u}d}{\nu}} = \frac{64}{Re} \tag{4-24}$$

实验表明，式(4－24)和实际情况的符合度高，应用条件是管中流动为层流。如果为湍流，则沿程阻力系数的计算要复杂得多。

4.4 圆管中的湍流流动

汽车、船舶、飞机和大气环流等自然界及实际工程中存在的流动多为湍流。湍流十分复杂，流体质点在运动中不断地相互掺混，其物理量(如速度、压力、温度、浓度等)在时间上和空间上都随机变化。尽管许多研究者长期致力于湍流研究，但湍流的起因和内部结构等一些最基本的物理本质迄今仍未揭示清楚，湍流仍是流体力学中的难题之一。因而研究湍流有着十分重要的理论意义和实用意义。

湍流的研究主要有两种不同的方向：①应用概率分布的方法研究湍流的统计规律，以期建立普遍适用的湍流理论；②着重解决实际工程问题，采用的是针对某些流动现象提出半经验理论。本节仅介绍湍流现象的一些基本概念和半经验理论。

4.4.1 湍流基本理论

由雷诺实验可知，雷诺数越高，流动就越容易变为湍流。黏性流体流动的雷诺数高到某一临界值时就有可能从层流过渡到湍流状态。这一过渡的雷诺数是处于一个范围内，即不总是一定的，与流体受到扰动的大小有关，扰动可能来源于物体表面的粗糙程度、流体中的杂质多少、来流速度的不均匀程度等。雷诺数较小时，这些扰动因黏性的抑制作用而衰减，故能保持层流状态；当雷诺数增加到一定值时，流体运动的惯性大大超过黏性的作用，扰动就无法忽略，最终形成湍流。湍流的形成需具备两个条件：①形成涡体；②涡体脱离原来的流层，掺入邻近的流层。

当然，形成涡体的前提是流体具有黏性。若将黏性对流体的稳定作用称为稳定性，则层流过渡到湍流也可称为失稳，即层流过渡到湍流必从失稳开始。由于流体的黏性作用和物面边界上的滞流作用，边界附近速度分布不再均匀，流体层与层之间发生相对运动，从而导致产生切向应力，切向应力的方向取决于所考查的流体层的速度与相邻流层速度的大小。当相邻流层的速度大于本层流速时，本流层所受切应力的方向是顺流向的，否则是逆流向的，如图 4－7a 所示，显然，这一流层的流体有形成力偶的趋势，从而可能形成涡体；如果这时黏性的抑制作用很弱，外界的干扰或是初始干扰的惯性作用会使所考查的这一流层发生微小的波动，如图 4－7b 所示，这一波动一般是不规则的；波动凸侧与凹侧形成横向压差将使波动加剧，如图4－7c所示；当这种波动继续发展下去，最终形成旋转的涡体，如图 4－7d 所示。如果将这一涡体设想成二元圆柱涡，显然它将受到逆旋转方向并与来流垂直的升力作用，从而推动涡体作横向运动，进入邻层进行掺混。涡体有大有小，最大涡体的尺度可以与物体的特征尺度同量级（例如管径 d），最小涡体的尺度粗略估计为 10 mm。一般而言，小涡体靠近边界，大涡体远离边界，这是因为边壁附近速度梯度较大，切向力也较大。因为壁面粗糙度的干扰，在边壁处形成的涡体受到空间的限制，故涡体的尺度较小；涡体上升（受旋转引起的横向力作用）进行掺混的过程中，从流场中获得能量加速旋转，尺度增大，形成大涡体。大涡体在掺混过程中一方面传递能量，另一方面不断分解成尺

度不同的小涡体；小涡体因尺度小，脉动频率较高，动能主要通过小涡体的运动耗散掉。湍流场中充满了不同尺度的大小涡体，它们在时间和空间上都作非线性随机运动。

尽管湍流的形成机理至今仍是流体力学中的一大难题，但近三十多年来，人们采用先进的流速测量技术和流场显示技术进行大量研究，发现湍流中存在拟序结构(又称相干结构)，湍流脉动场中存在某种序列的大尺度运动，其在湍流场中的触发时间和位置是不确定的，但一经触发便以某种确定的序列形成特定的运动状态。相干结构表明湍流场中既存在小尺度结构的不规则运动，又存在若干有序大尺度运动。这一重大发现，改变了对湍流的传统认识。

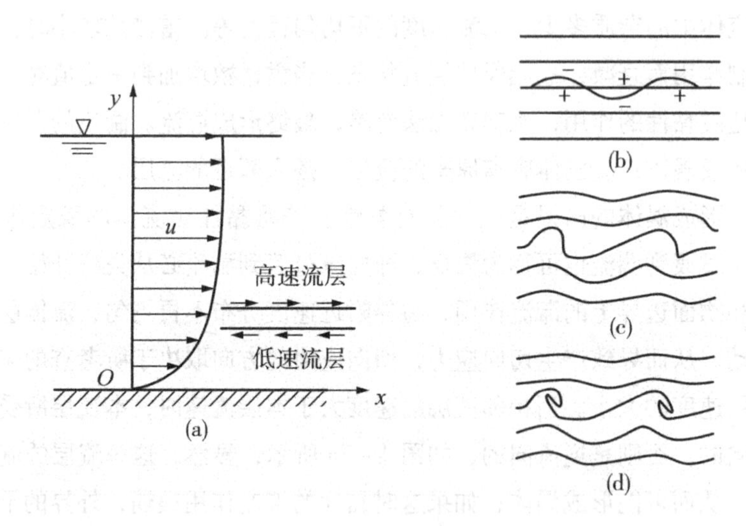

图 4－7　湍流流场

4.4.2　湍流运动基本特征

湍流运动是遵循连续性方程的高雷诺三维运动，尽管十分复杂，没有统一确切的定义，但有如下特征：

1. 不规则性

湍流最本质的特征是湍动或紊动，即在空间和时间上都随机地脉动，其速度场和压力场也都是随机的。用空间位置和时间来描述流场中流体质点的运动存在很大困难，通常采用统计平均的方法来表示流体运动的速度、压力、温度等物理量。下面主要介绍时间平均统计法。

如果把与水的比重相同的粒子放入水中，便可看到，这些小粒子从管道入口到管道出口形成非常复杂的轨迹，同时不同瞬时通过空间同一点的粒子的轨迹也在不断变化，表示流体流动特征的速度、压力等物理量随着时间变化。因此，这种瞬息变化的湍流流动实质上是非定常流动。如图4－8所示，管中A点的流动情况不但存在轴向分速度u，而且还有径向分速度v，这些速度都随着时间t很快地变化。可以将极灵敏的仪器——热线流速仪和电子示波器相连，来记录A点速度的变化情况，即u的时间历程。

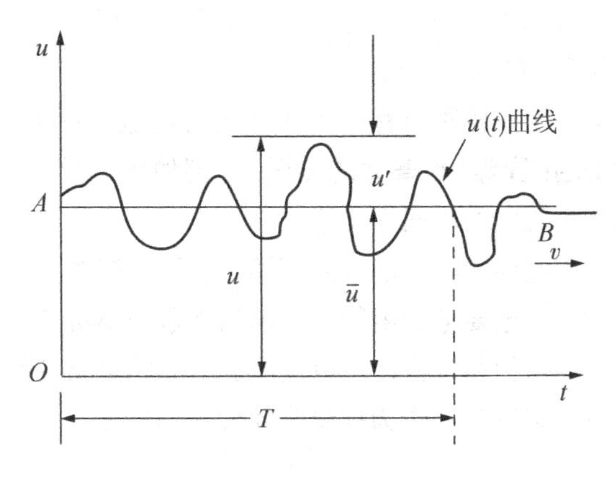

图4－8　瞬态速度时均化

由图4－8可知，管中A点的流速脉动毫无秩序。对于其他物理量的测量，也有类似的结果。然而从整个流体和从较长的过程来看，可以发现流速变化还是有一定的规律：流速总是围绕着某个平均值$\bar{u}$在振荡，真实速度u时而偏大时而偏小一个脉动速度u'：

$$u = \bar{u} + u' \tag{4-25}$$

式中，u'可正可负，变化没有规则，它只占$\bar{u}$一定的比例，有时可以占$\bar{u}$的1/3或1/2。$\bar{u}$是对时间而言的速度平均值，称为时均流速。

由图4－8可知，使$u-t$曲线的积分面积与平均值$\bar{u}$和时间T所包围的矩形面积相等，就很容易确定时均流速，即：

$$\bar{u}T = \int_0^T u\mathrm{d}t \tag{4-26}$$

可得：

$$\bar{u} = \frac{1}{T}\int_0^T u\mathrm{d}t \tag{4-27}$$

式中，T是一个足够大的时间间隔。因此$\bar{u}$的几何意义为$u-t$曲线与t轴所夹部分的平均高度。

类似地，在湍流中，流体的压力也处于脉动状态，瞬时压力等于时均压力与脉动压力之和，即：

$$p = \bar{p} + p' \tag{4-28}$$

在湍流中流体的瞬时速度和瞬时压力都是随时间变化的，因此，如果用湍流的瞬时速度和瞬时压力去研究湍流运动，问题将极其复杂。在工程应用中，一般采用流动参数的时均值描述和研究流体的湍流运动，以便简化工程问题的复杂性。通常也把时均值$\bar{u}$替换为u，但仍理解为时均值。

如果$\bar{u}$不随时间而变，则称这种流动为准定常湍流，更确切称为时均定常流动。普通的测速管(例如皮托管等)和普通的测压计(例如压力计、液柱比测压计等)所能够测量的，就是速度和压力的时间平均值。

有些问题，仅知道流动的时均速度还不够，还需了解湍流的脉动特性。例如，研究湍流中的切应力时，一定要考虑由脉动引起的动量交换所产生的附加力；又如大气中粉尘的扩散规律、结构物风致振动，以及风洞试验的结果等都和气流脉动的程度有很大的关系。这里引入湍流度ε作为衡量脉动大小的尺度：

$$\varepsilon = \frac{\sqrt{\overline{u'^2}}}{u} \times 100\% \tag{4-29}$$

即脉动速度的均方根值相对时均值的百分比，如 800 m 高处的自由大气ε接近0.03%。

风洞的湍流度对阻力和边界层的试验均有很大的影响，因此要尽量降低其湍流度，使之与真实汽车周围气流的湍流度接近。

2. 湍流扩散性

湍流场中涡体的掺混过程中将产生动量、能量(热量)和质量的交换，即紊动或湍动具有将流场中某一空间位置上的物质(如泥沙、粉尘或污物等)或者物理特征(如热量、动量等)扩散到流场其他位置的特性，或者说湍流过程中必然伴随传质、传热及传递动量。最简单且直观的例子是杯中沸水被快速搅动后可加快冷却和大风将尘土扬起使沙丘迁移等。

3. 能量耗散性

前已述及，小涡体的脉动过程中将消耗能量，维持涡体运动需补充所需的能量，黏性切应力不断地将湍动能转化成流体的内能而耗散掉，否则，湍动将会衰减甚至消失。

4.4.3 湍流的半经验理论

1. 湍流附加切应力

回顾一下层流运动中引起黏性切应力的原因，液体主要受流层分子之间的内聚力作用，气体则主要由流层间无规则运动的动量交换所引起。但是对于湍流运动，除上述两种情形外，还包括流体微团（它的尺度比分子大得多）的大规模迁移运动引起相邻流层间质量交换与动量交换，而动量交换会导致附加的切应力。在湍流充分发展的区域，这种附加切应力甚至会超过黏性切应力几百倍，因此这个问题值得关注。

可以借助一个如图4－9所示的简单机械模型来说明动量交换与切应力之间的关系，在两层之间虽然没有真正的摩擦作用，也可以产生沿着运动方向的带动力与阻滞力。

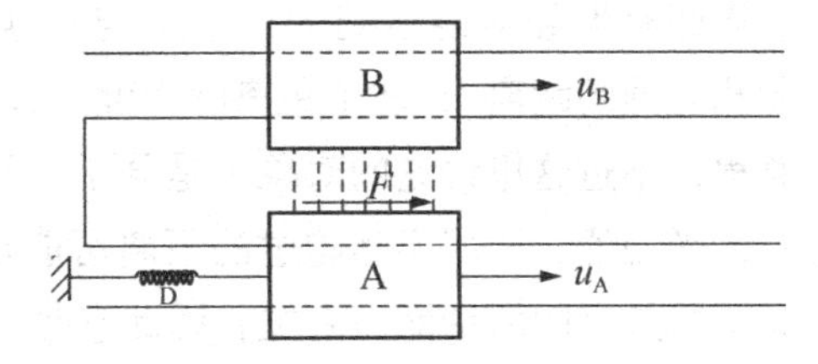

图4－9 简单机械模型

由图4－9可知，两个分离的物体A和B在平行的轨道上运动，各有速度u_A和u_B。因为以下只需要用到相对速度$u' = u_B - u_A$，可以假设物体A静止，而物体B平行于A运动，有速度u'。假设物体A置于毫无阻力的轨道上，与一测力表D相连，并处于静止状态。物体B可以在它的轨道上自由移动，并装有一排机关枪，射线与物体运动方向垂直。当B运动经过A时，机关枪开动，每秒射出总质量为m的子弹，这些子弹射入物体A中，并且就停留于A中。这样，开枪的效果造成力F，其方向与物体运动方向相同，作用于物体A上。这是由于子弹离开B时，带有B运动方向的动量进入A，该动量等于子弹的质量与物体A、B间相对运动速度u'的乘积。当子弹射入A后，在A中静止，动量发生变化，因而产生了力的作用，根据牛顿第二定律，其大小与方向为每秒钟的动量改变，即：

$$F = m\frac{\mathrm{d}u'}{\mathrm{d}t} \tag{4-30}$$

上述情形中，$u_B > u_A$，所以从B射出的子弹有加速A的作用，则B加于A上的切向力方向与物体运动方向相同；反之，如果$u_B < u_A$，则从B射出的子弹对A有减速作用，此时B加于A上的力与物体运动方向相反。

在湍流运动中，由于流体微团的混杂作用，流体相邻的流层之间也产生了类似于上述的带动力或阻滞力，它们实际上可以认为是一种附加的切应力，称为湍流切应力。

2. 普朗特混合长度理论

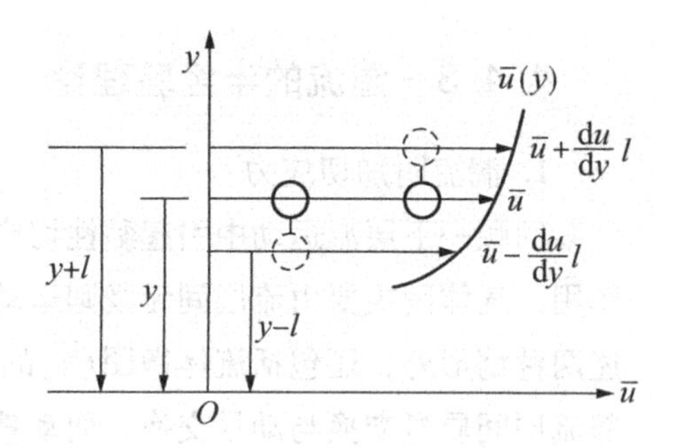

图 4－10　湍流时均速度分布曲线

图 4－10 表示湍流时均速度分布曲线 $\bar{u}(y)$，x 沿管壁长度方向，这时 $\bar{v}=0$，$\bar{u}=\bar{u}(y)$，实际上，流体微团除了时均速度 $\bar{u}$ 外，还有纵向脉动速度 u' 和横向脉动速度 v'。

由于湍流的横向脉动 v'，y 层的微团可能迁移到邻近的流层中去。普朗特假设之一，微团有着经常能达到的而且不与其他微团相碰撞的距离 l，这个距离称为混合长度。它的物理意义很像分子运动的平均自由路程，不过这里讨论的对象不是分子，而是尺寸较大的流体微团。一方面，l 是一个统计平均值，微团实际跑过的距离可能比 l 偏大或偏小；另一方面，l 的大小和该层微团所具有的活动能力有关，因此它是 y 的函数，即 $l=l(y)$。这样看来，y 层的微团会经常迁移到 $y-l$ 层和 $y+l$ 层上面去，反过来 y 层也必然会经常有 $y-l$ 层和 $y+l$ 层的流体微团迁移过来。

根据欧拉的观点，当 $y-l$ 层的微团来到 y 层，仍能保持原来的速度，则看到的现象有如 y 层的流体微团速度突然减小了；类似地，当 $y+l$ 层的流体微团来到 y 层并保持原来的速度，则看到的现象有如 y 层的流体微团速度突然增加了。显然，这个突然增加或是减小的量就是 y 层的纵向脉动速度：

$$u' = \frac{d\bar{u}}{dy}l \tag{4-31}$$

式(4－31)为普朗特假设之二。它建立了纵向脉动速度与湍流时均速度及混合长度之间的关系。

3. 湍流近壁特征

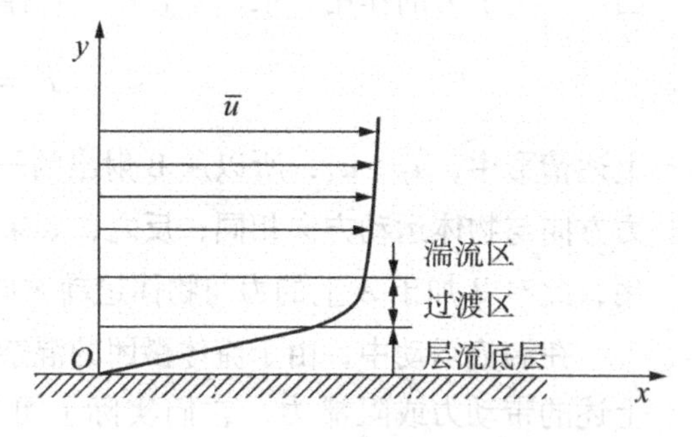

图 4－11　湍流近壁特征

湍流流动时均速度分布和能量损失与壁面附近的流动状态有关。实验研究发现，在紧靠壁面附近极薄的流层内，由于边壁的约束，流体质点基本上不作横向脉动，且速度梯度较大，流动保持为层流状态特征。如图 4－11 所示，这一薄层称为层流底层(或称黏性底层)，层流底层以外的区域包括过渡区和湍流区。

(1)在层流底层，边壁处湍流附加切应力为0，只受层流的黏性摩擦切应力，即：

$$\tau = \mu \frac{du}{dy} \tag{4-32}$$

若定义 $u^* = \sqrt{\frac{\tau_0}{\rho}}$ 为切应力速度(或称摩阻速度)，其中 τ_0 为壁面切应力，ρ 为流体密度，则实验给出层流底层的厚度为：

$$y \leqslant \frac{5u}{u^*} \tag{4-33}$$

(2)在过渡区，黏性切应力和湍流附加切应力都不能忽略，即流体的切应力应为：

$$\tau = \mu \frac{d\bar{u}}{dy} + \mu_t \frac{d\bar{u}}{dy} \tag{4-34}$$

式中，μ_t 为湍流切应力系数，实验给出这一厚度为：

$$5 \frac{u}{u^*} \leqslant y \leqslant (30 \sim 70) \frac{u}{u^*} \tag{4-35}$$

(3)在湍流区，此时可忽略黏性切应力，主要为湍流附加切应力，即：

$$\tau = \mu_t \frac{d\bar{u}}{dy} \tag{4-36}$$

为进一步研究湍流速度分布对切应力的求解，根据普朗特的假定，在近壁处：

$$L = Ky \tag{4-37}$$

式中，K 为卡门通用常数，$K = 0.40 \sim 0.41$(由实验确定)；y 为距壁面的垂直距离。在近壁处：

$$\rho L^2 \left(\frac{d\bar{u}}{dy}\right)^2 = \rho K^2 y^2 \left(\frac{d\bar{u}}{dy}\right)^2 = \tau_0 \tag{4-38}$$

则：

$$\left(\frac{d\bar{u}}{dy}\right)^2 = \frac{\tau_0}{\rho} \frac{1}{K^2 y^2} \tag{4-39}$$

或为：

$$\frac{d\bar{u}}{dy} = \frac{1}{Ky} \sqrt{\frac{\tau_0}{\rho}} = \frac{u_*}{Ky} \tag{4-40}$$

对式(4-40)积分得：

$$\frac{\bar{u}}{u^*} = \frac{1}{K} \ln y + C \tag{4-41}$$

式(4－41)为光滑壁面的近壁处湍流的时均速度分布，常数 C 由边界条件确定。

4.4.4 直圆管内的湍流流动

上述有关湍流及其特征的讨论同样适用于管内湍流流动，管内流动沿流向存在一定的压力梯度。假定内壁绝对光滑，管内为充分发展的湍流，对于等直径直圆管，平均流速沿管长方向不变，压力梯度(沿管长方向)为：

$$\mathbf{grad}p = \frac{\mathrm{d}p}{\mathrm{d}x} = \text{constant} \tag{4-42}$$

圆管中湍流的(时均)速度分布也不同于层流。由于湍流中横向脉动引起的流层之间的动量交换，使得管流中心部分的速度分布比较均匀。而在靠近固体壁面的地方，由于脉动运动受到壁面的限制，黏性的阻滞作用使流速急剧下降，这样便形成了中心部分较平坦而近壁面处速度梯度较大的速度分布，当平均流速相等时层流与湍流的速度分布如图 4－12 所示。

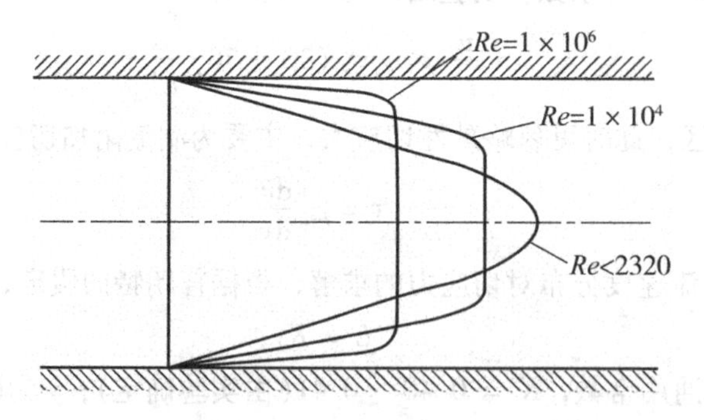

图 4－12　平均流速相等时层流与湍流的速度分布

许多研究者从理论上探索速度分布曲线的具体形式。普朗特得出的结果是湍流的速度分布可以用一条对数曲线来表示，即：

$$\frac{u}{u^*} = 5.75\lg\frac{yu^*}{u} + 5.5(y \leqslant r_0) \tag{4-43}$$

式中，y 是从管壁算起的坐标；u 是坐标为 y 处的速度；$u^* = \sqrt{\frac{\tau_0}{\rho}}$为切应力速度，它具有速度因次；$\tau_0$是管壁处的切应力。

式(4－43)表明湍流的速度分布是对数曲线规律，它的特征是中间部分趋向于平均，而在管壁附近速度梯度很大。总体而言，普朗特对数分布与实际情况相符合，仅在 $y=0$ 处式(4－43)不适用，$y=0$ 时，$u=0$。

圆管中湍流的速度分布还可以近似表达为指数分布形式，即：

$$\frac{u}{u_{\max}} = \left(\frac{y}{R}\right)^{\frac{1}{n}} \tag{4-44}$$

式中，R 为管半径，$u_{\max}$为管子中心处的最大速度，y 为从管壁算起的坐标，u 为坐标 y 处的速度。指数律的形式比对数律简单，其缺点是指数 n 要随雷诺数而改变。

当 $Re = 1.1\times10^5$ 时，$n = \frac{1}{7}$，则：

$$\frac{u}{u_{\max}} = \left(\frac{y}{r_0}\right)^{\frac{1}{7}} \tag{4-45}$$

这就是通常采用的布拉休斯七分之一次方公式。

圆管中的流动绝大部分处于湍流状态，一般包括紧靠壁面的层流底层、湍流充分发展的中心部分以及由层流到湍流的过渡部分。过渡部分很薄，一般不单独考虑，而把它和中心部分合在一起统称为湍流部分。

4.4.5 水力光滑管

层流底层的厚度(用 δ 表示)很薄，通常只有几分之一毫米，但是它对湍流的阻力规律有着重要影响。这种影响与管壁的粗糙度直接有关。管壁粗糙凸出部分的平均高度称为管壁的绝对粗糙度 Δ，而把绝对粗糙度 Δ 与管径 d 的比值$\frac{\Delta}{d}$称为管壁的相对粗糙度。

当 $\delta > \Delta$，即层流底层完全淹没了管壁的粗糙凸出部分，如图 4－13a 所示。这时层流底层以外的湍流区完全感受不到管壁粗糙度的影响，流体好像在完全光滑的管子中流动一样，这种情况的管内流动是水力光滑的，将这种管道称为水力光滑管。

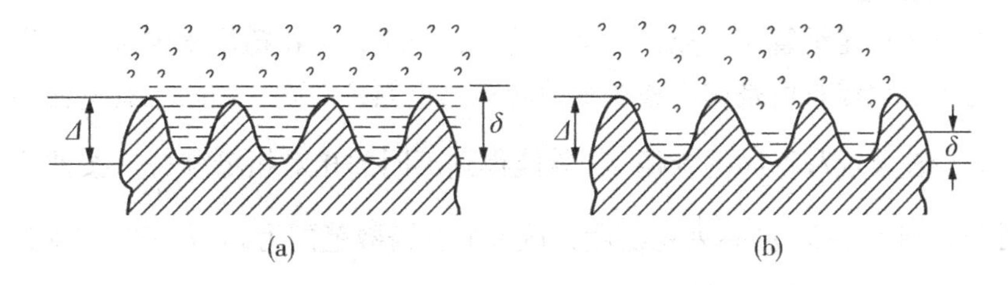

图 4－13 层流底层厚度与管壁绝对粗糙度的关系

当 $\delta < \Delta$，即管壁的粗糙凸出部分有一部分或大部分暴露在湍流区中，如 4－13b 所示。这时流体流过凸出部分，将引起旋涡，造成附加的能量损失，管壁粗糙度将对

湍流流动产生影响，这种情况下的管内流动是水力粗糙的，将这种管道称为水力粗糙管。

实验证明，层流底层的厚度δ是随着雷诺数的增加而变薄的。因此，同一根管子在不同的雷诺数下可能是水力光滑的，也可能是水力粗糙的。在此推荐两个计算层流底层厚度δ的半经验公式：

$$\delta = \frac{34.2d}{Re^{0.875}} \tag{4-46}$$

或为：

$$\delta = \frac{32.8d}{Re\sqrt{\lambda}} \tag{4-47}$$

式中，d为管道直径，单位为mm；λ为沿程阻力系数。

4.5 沿程阻力系数与局部阻力系数

4.5.1 沿程阻力系数

管道的沿程阻力按达西公式$h_f = \lambda \frac{l}{d} \cdot \frac{u^2}{2g}$进行计算，关键问题是如何计算沿程阻力系数$\lambda$。对于层流，已经推导出精确解$\lambda = \frac{64}{Re}$，并为实验所证实；对于湍流，其沿程阻力系数则是研究者基于实验结果，提出某些假设、经过分析和实验修正而归纳出来的半经验公式。本节介绍尼古拉兹(J. Nikuradse)实验和对工业管道比较实用的莫迪(L. F. Moody)曲线。

1. 尼古拉兹实验

尼古拉兹对粗糙管作了充分的试验研究，他用人工粗糙管来模拟均匀密布的粗糙度。所谓人工粗糙管就是用火漆将某种同样大小颗粒的砂子黏附于管壁而制成的，采用不同的砂粒尺度和不同的管径d，就能得到不同的相对粗糙度$\frac{\Delta}{d}$。按此法，尼古拉兹得到1/1014～1/30的系列粗糙度，试验的雷诺数范围为$Re = 500 \sim 1 \times 10^6$。尼古拉兹试验得出了$\lambda = \lambda\left(Re, \frac{\Delta}{d}\right)$的规律，其在对数坐标中的实验曲线如图4－14所示。

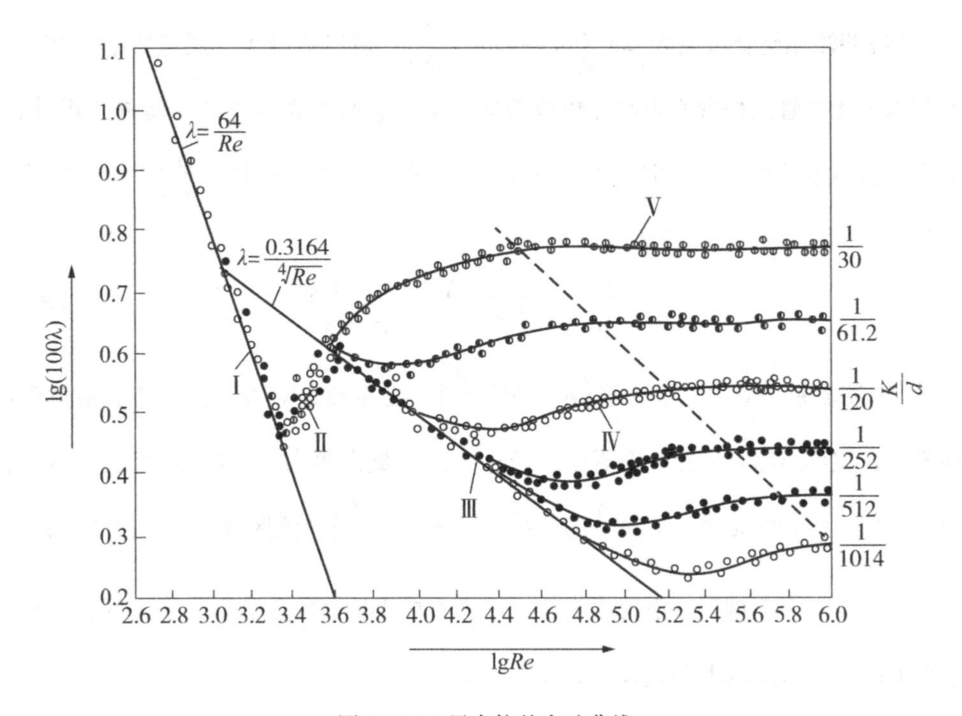

图 4－14　尼古拉兹实验曲线

(1)层流区($Re<2300$)：管壁的粗糙度对沿程阻力系数可忽略不计，所有实验点均落到直线Ⅰ附近，λ 仅是 Re 的函数，即式(4－24)。

(2)过渡区($2300<Re<3160$)：是层流向湍流的过渡区域，实验点在曲线Ⅱ上密集分布，该范围内的阻力规律尚不明确，其中富兰凯尔给出：

$$\lambda = \frac{2.7}{Re^{0.56}} \tag{4-48}$$

(3)湍流光滑管区($3160<Re<1\times10^5$)：实验点都落到倾斜直线Ⅲ附近，该直线的方程式可归纳为布拉休斯(H. Blasius)光滑管公式：

$$\lambda = \frac{0.3164}{\sqrt[4]{Re}} \tag{4-49}$$

如果雷诺数 $Re=1\times10^5\sim3\times10^6$，则与实验符合较好的是普朗特阻力定律：

$$\frac{1}{\sqrt{\lambda}} = 2\lg(Re\sqrt{\lambda}) - 0.8 \tag{4-50}$$

总之，湍流光滑管区，λ 只与 Re 有关，粗糙度的影响可忽略。

(4)湍流粗糙管过渡区$\left(23\frac{d}{\Delta}<Re<560\frac{d}{\Delta}\right)$：雷诺数增大，层流底层被挤压，原来的水力光滑管区相继变为水力粗糙管区，实验点脱离光滑管区，而进入粗糙管区，其沿程阻力系数增大，是雷诺数和相对粗糙度的函数$\lambda=\lambda\left(Re,\ \frac{\Delta}{d}\right)$，可按柯列布洛克(C. F. Colebrook)公式计算：

$$\frac{1}{\sqrt{\lambda}}=-2\lg\left(\frac{\Delta}{3.7d}+\frac{2.51}{\mathrm{Re}\sqrt{\lambda}}\right) \tag{4-51}$$

(5)湍流粗糙管阻力平方区$\left(Re>560\frac{d}{\Delta}\right)$：雷诺数足够大时，层流底层薄到可忽略不计，粗糙凸出高度完全暴露于湍流中，产生旋涡阻力，而黏性对阻力影响很小，阻力系数与雷诺数无关，只是$\frac{\Delta}{d}$的函数，即$\lambda=\lambda\left(\frac{\Delta}{d}\right)$，该区域内阻力曲线互相平行，按$\frac{\Delta}{d}$大小自上而下排列，沿程损失与流速平方成正比，故称为阻力平方区，或者叫完全湍流区。可采用以下公式计算λ：

$$\lambda=\frac{1}{\left(1.74+2\lg\frac{d}{2\Delta}\right)^2} \tag{4-52}$$

2. 莫迪图

对于新的工业管道，可基于式(4-37)的柯列布洛克公式绘制的莫迪图查找λ，如图4-15所示。莫迪图被分为五个区域，即层流区、临界区(相当于尼古拉兹图的过渡区)、光滑管区、过渡区(相当于尼古拉兹图的湍流粗糙管过渡区)、完全湍流粗糙管区(相当于尼古拉兹图的阻力平方区)。皮戈特(R. J. S. Pigott)推荐的过渡区同完全粗糙区之间分界线的雷诺数为：

$$Re_b=\frac{3500}{\Delta/d} \tag{4-53}$$

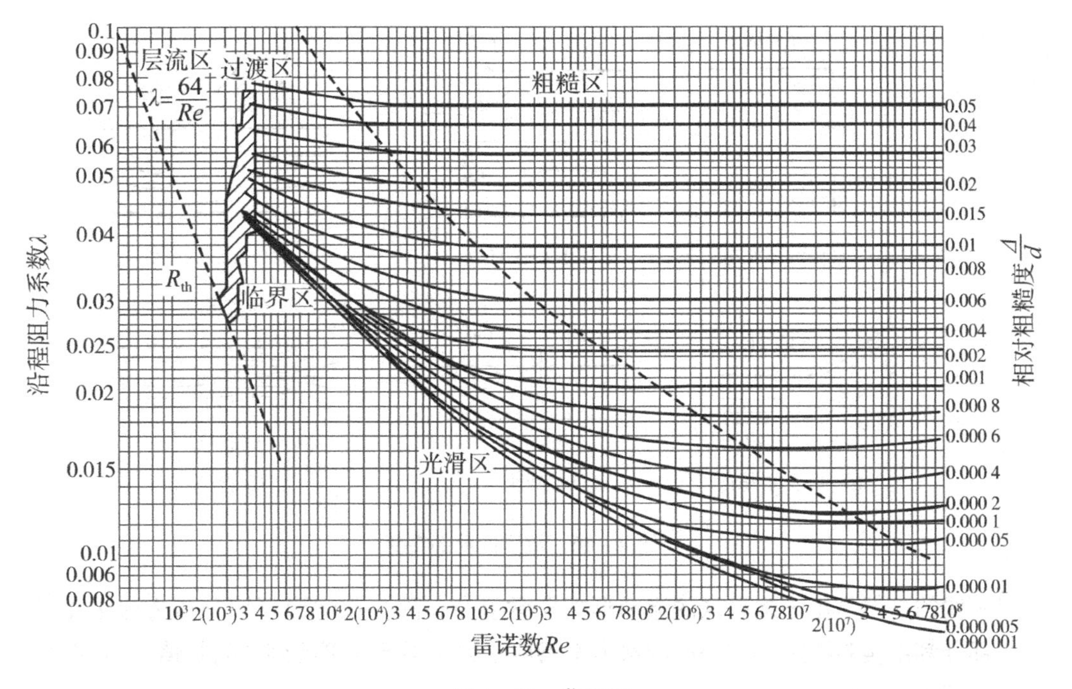

图 4－15　莫迪图

4.5.2　局部阻力系数

实际管路系统处理的往往不是许多单一的直管，而是许多段管子由相互间的接头连接而成，因此在管路系统中，会出现以下局部情况：①管径变化，如突扩、突缩、渐扩、渐缩等；②方向改变，如装置了弯头的地方；③某些地方装置了配件，如阀门等。

所有这些局部都会引起流动的附加损失，称为局部损失。引起局部损失的原因是在这些局部(包括上述的各类情况)形成许多旋涡，如图 4－16 所示。流体一部分机械能转化为热能逸散于流体中，成为不可逆转的损失。

局部损失的计算公式为：

$$h_{j} = \xi \frac{u^2}{2g} \tag{4-54}$$

式中，ξ 为局部阻力系数，u 为损失完以后的流速。

局部损失影响的范围在损失前后(6 ～ 10)d 的距离以内，d 为管径。由式(4－54)可见，求 h_j 的关键是局部阻力系数 ξ。对于不同类型的局部阻力，ξ 的数值

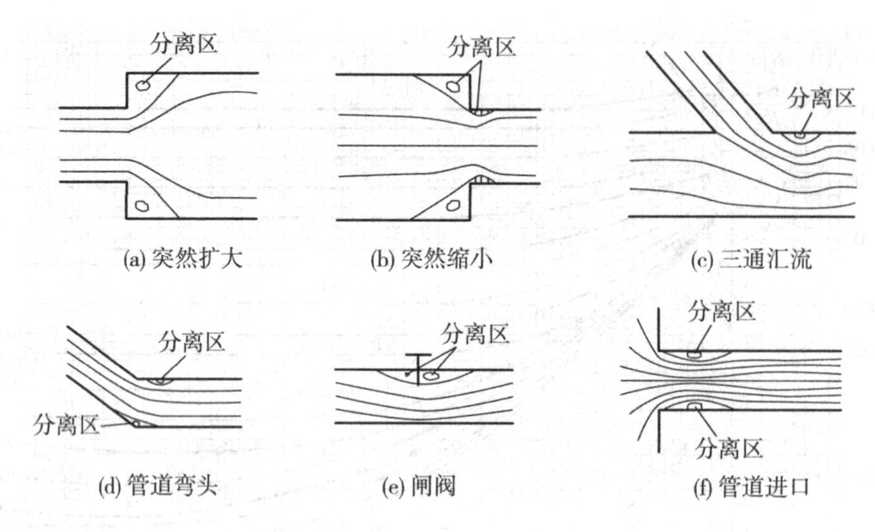

图 4-16 流道的局部突变

是不同的，但是由于旋涡区的流动形式非常复杂，除少数情形可用分析方法求得外，大部分都由实验测定。在一般的水力学书或水力学手册均可找到 ξ 的数值，常用的几种局部阻力系数如表 4-1 所示。

表 4-1 几种主要的局部障碍的平均局部阻力系数

局部阻力名称	示意图	局部阻力系数
1. 进水管口 a. 管口未做圆 b. 管口略做圆 c. 管口做圆		a. $\xi_{进口}=0.50$ b. $\xi_{进口}=0.20\sim0.25$ c. $\xi_{进口}=0.05\sim0.10$
2. 从导管通入水面较高的水池或渠道时的出水口		$\xi_{出口}=1$

续表 4 - 1

局部阻力名称	示意图	局部阻力系数
3. 弯曲管(呈平滑圆形) a. $R_k > 2d$ 时 b. 在最佳比例 $R_k = (3 \sim 7)d$ 时	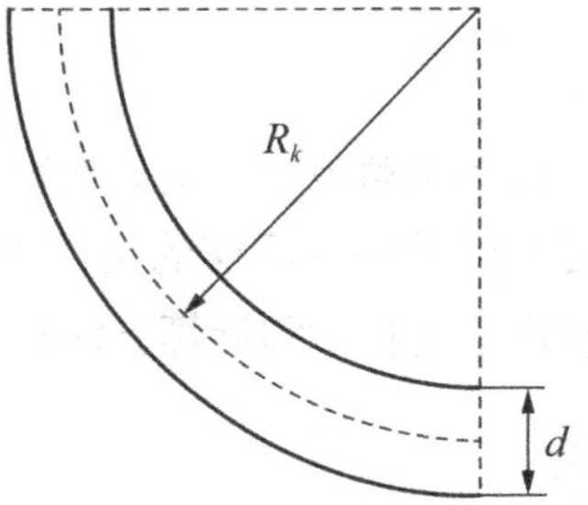 R_k d	a. $\xi_{弯头} = 0.50$ b. $\xi_{弯头} = 0.30$
4. 圆管中的闸开关 a. 在全开时 b. 在开约 3/4 时($k/d = 3/4$) c. 在开约 1/2 时(半开)	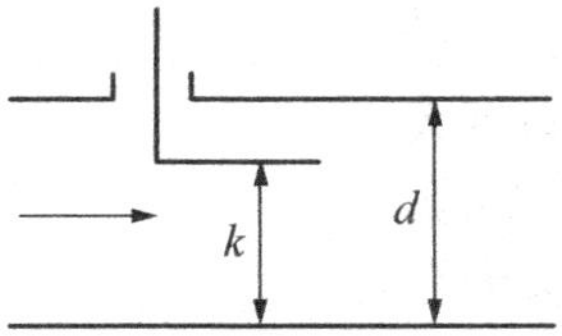 k d	a. $\xi_{闸} = 0.10$ b. $\xi_{闸} = 0.26$ c. $\xi_{闸} = 2.0$
5. 管中的旋塞在 $\alpha = 30°$时	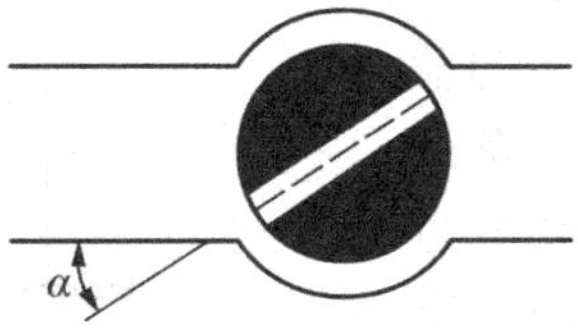 α	$\xi_{旋塞} = 5 \sim 7$
6. 管中的单瓣阀开关	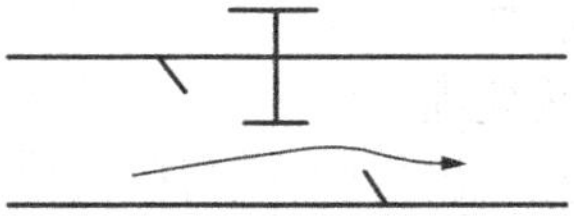	$\xi_{单瓣阀} = 1 \sim 3$
7. 有进水栅网和抽水活瓣的进水管口	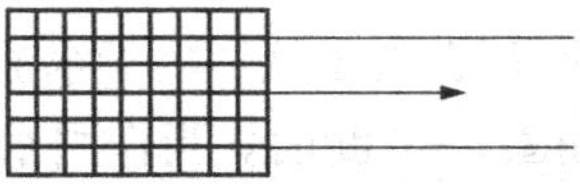	$\xi_{瓣} = 5 \sim 10$
8. 流束面积突然扩大	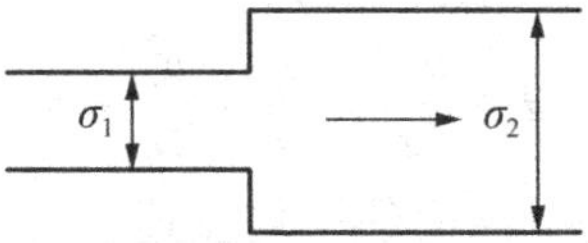 σ_1 σ_2	$\xi_{突扩} = \left(\dfrac{\sigma_2}{\sigma_1} - 1\right)^2$
9. 流束面积突然缩小	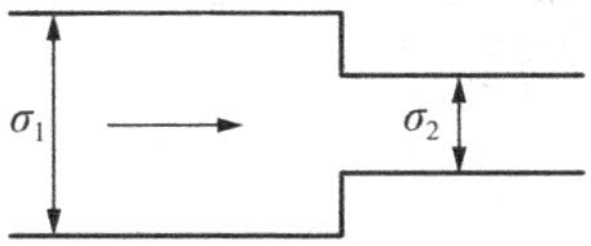 σ_1 σ_2	$\dfrac{\sigma_2}{\sigma_1}$: 0.10 0.20 0.30 0.40 0.50 0.60 0.70 0.80 $\xi_{突缩}$: 0.47 0.42 0.34 0.33 0.30 0.25 0.20 0.15

局部损失系数的计算，可在管道截面突然扩大流段运用动量定理推导。

4.6 孔口出流

孔口出流在工程上是很常见的流动现象，例如通航船闸闸室的充水和泄水便是典型的孔口出流，还有通风工程中经过房屋门窗的空气流，给水排水工程中的取水口、泄水口等。因而研究这类流动现象的特性和计算方法具有实际工程意义。

4.6.1 薄壁孔口出流

孔口出流只计局部水头损失，沿程水头损失可以忽略不计。孔口有大小之分，如图 4 – 17 所示，当 $H/d \geqslant 10$ 为小孔口，而当 $H/d < 10$ 为大孔口，这里 H 为孔口中心线至自由液面的高度，称为作用水头。若孔口的壁厚很小，如图 4 – 17 所示，孔口壁似刀口称为薄壁孔口。出流条件也分为自由出流（流体流入大气）和淹没出流（孔口的出口处位于自由液面以下）。作用水头 H 恒定不变称为定常出流，否则称为非定常出流。孔口出流的计算任务是计算出流流量的。

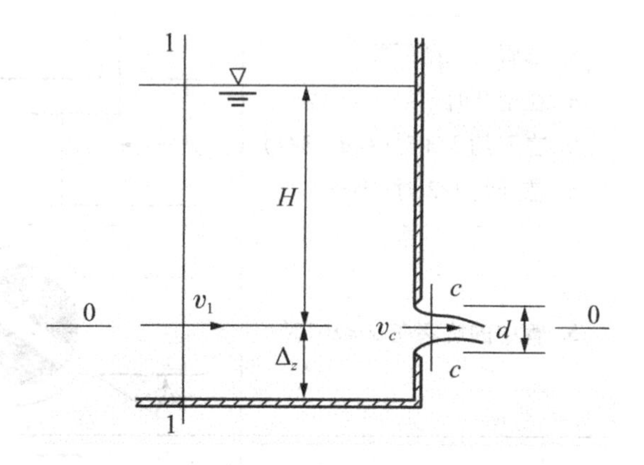

图 4 – 17　薄壁孔口自由出流

1. 薄壁小孔口自由出流

如图 4 – 17 所示是薄壁小孔口自由出流。由于水流的惯性作用，流体在距小孔口约为 0.5d 处形成收缩断面，如图 $c-c$ 断面。当作用水头 H 不随时间而变的定常出流下，1 – 1 与 $c-c$ 断面之间的伯努利方程为：

$$H + \frac{u_1^2}{2g} = \frac{p_c}{\gamma} + \frac{u_c^2}{2g} + h_w \tag{4-55}$$

式中，u_1、u_c 分别为 1 – 1、$c-c$ 断面的平均流速，h_w 为两断面间的水头损失，p_c 为收缩断面处的压力。注意：工程上小孔口出流多为湍流，当流动为湍流时，断面上各点的流速近似等于断面上平均流速。

若令 $H_0 = H + \frac{u_1^2}{2g}$，则式（4 – 55）为：

$$H_0 = \frac{p_c}{\gamma} + \frac{u_c^2}{2g} + h_w \tag{4-56}$$

因沿程损失小，可以忽略，故有：

$$h_w = h_j = \xi \frac{u_c^2}{2g}$$

因为是小孔口，可认为收缩断面的压力与大气压力相等，即 $p_c = 0$，所以式(4-56)可以改写为：

$$H_0 = (1 + \xi) \frac{u_c^2}{2g} \tag{4-57}$$

从而速度为：

$$u_c = \frac{1}{\sqrt{1+\xi}} \sqrt{2gH_0} = \varphi \sqrt{2gH_0} \tag{4-58}$$

式中，$\varphi = \frac{1}{\sqrt{1+\xi}}$为流速系数，显然这一系数反映了因黏性作用引起能量损失后的速度修正。实验给出 $\varphi = 0.97$，由 $\varphi = \frac{1}{\sqrt{1+\xi}}$ 可算出 $\xi = 0.06$。若设小孔口面积为 A，收缩断面面积为 A_c，将两者之比 $C_c = \frac{A_c}{A}$称为收缩系数，实验给出薄壁小孔口自由出流时 $C_c = 0.64$，则出流流量为：

$$Q = u_c A_c = C_c A \varphi \sqrt{2gH_0} = \mu A \sqrt{2gH_0} \tag{4-59}$$

式中，$\mu = C_c \varphi$ 称为流量系数，这里 $\mu = 0.62$。

由上述结果可知，流速系数 φ 接近于1，而收缩系数却远小于1，说明收缩系数对流量的影响较大；实验证明小孔口形状对流量系数的影响很小，小孔口在壁面上的位置影响收缩系数的值。如图4-18所示，根据容器壁对小孔口自由出流是否有影响分为完善收缩和不完善收缩。完善收缩是指小孔口的全部边界不与容器的侧边和底边重合，并且小孔口边与容器边壁之间的距离大于3倍的孔宽，这样水流出孔后四周的流线将产生完善收缩；不满足上述条件的则为不完善收缩。如图4-18中只有 a 为完善收缩；b 虽四周流线收缩，但不完善；c、d 只有部分收缩。薄壁小孔口自

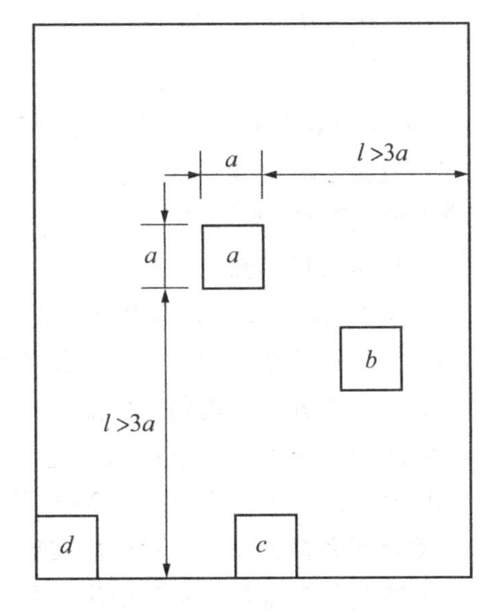

图4-18 薄壁小孔口收缩

由出流完善收缩情况下各项系数如表4－2所示。

表4－2　薄壁小孔口自由出流完善收缩情况下各项系数

收缩系数	阻力系数	流速系数	流量系数
0.64	0.06	0.97	0.62

2. 薄壁小孔口淹没出流

如图4－19所示为薄壁小孔口淹没出流。选定小孔口形心处的水平线为基准，建立0－0和2－2断面的伯努利方程（假定这两断面的速度为0）：

$$H_1 = H_2 + h_j$$

式中，$h_j = \xi_c \dfrac{u_c^2}{2g} + \xi_2 \dfrac{u_2^2}{2g}$。$h_j$ 的一部分为流股收缩局部损失，$\xi_c = 0.06$，另一部分为流股突然扩大的局部损失，$\xi_2 = 1.0$，因此有：

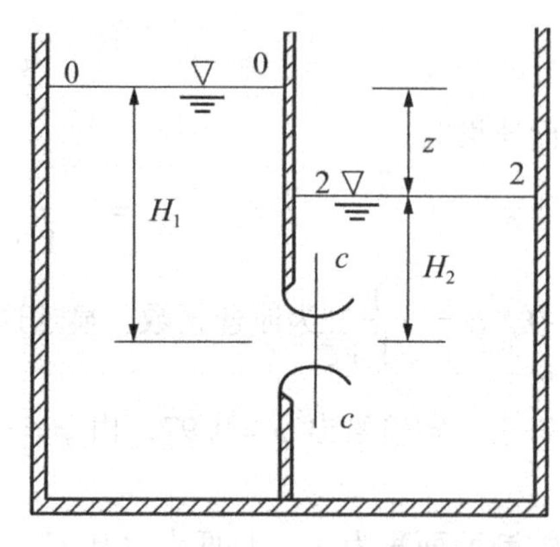

图4－19　薄壁小孔口淹没出流

$$u_c = \frac{1}{\sqrt{1+\xi_2}}\sqrt{2g(H_1 - H_2)} = \varphi\sqrt{2gH_0} \tag{4-60}$$

式中，$H_0 = H_1 - H_2$ 称为作用水头；φ 为流速系数，从而有：

$$Q = uA_c = \varphi C_c A\sqrt{2gH_0} = \mu A\sqrt{2gH_0} \tag{4-61}$$

式(4－61)表明淹没出流的流速和流量与小孔口在自由液面以下的深度无关，只与两自由液面之差 H_0 有关。式(4－60)、式(4－61)也适用于大孔口的计算，只是流速系数和流量系数不同而已。

3. 大孔口出流

按大孔口的定义，即 $H/d<10$，可见作用水头与孔径相比较小，则大孔口断面上的流动参数分布不均匀。例如自由出流时收缩断面上压力分布不均匀，且不等于大气压力。大孔口出流如图4－20所示，显然流动为不完善收缩。一般应由实验来确定出流的流速与流量，实验给出流量系数见表4－3，计算公式为式(4－61)。

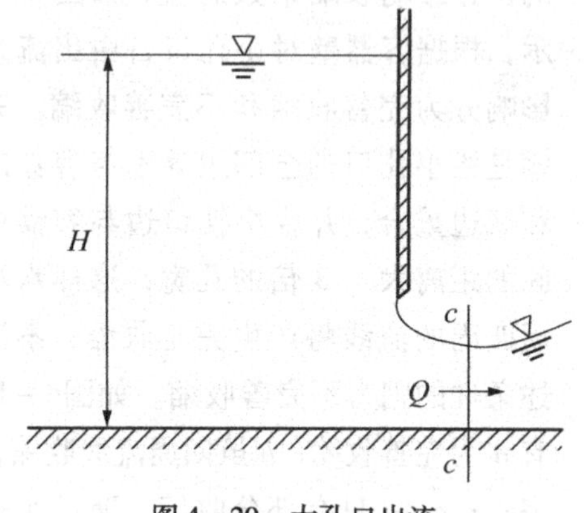

图4－20　大孔口出流

表 4-3 大孔口出流的流量系数

收缩情况	流量系数 μ
四周不完善收缩	0.70
无底部收缩但有侧收缩	0.65～0.70
无底部收缩但有小侧收缩	0.70～0.75
无底部收缩但有微小侧收缩	0.80～0.90

4. 变水头孔口出流

当容器断面面积相对孔口截面面积较大时，水头变化很缓慢，可近似作为定常出流处理。这里讨论的变水头孔口出流主要指流体通过孔口向容器注水或从容器往外泄水时，作用水头随时间变化，从而流速、流量均随时间变化的出流，如图 4-21 所示。

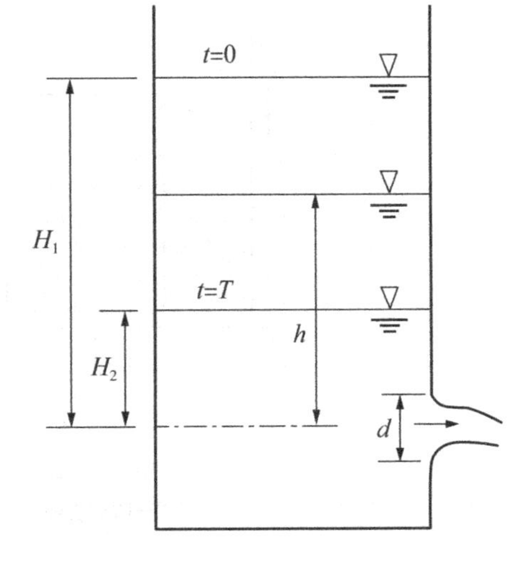

图 4-21 变水头孔口出流

当某时刻 t 孔口水头为 h，容器截面面积为 ω，孔口截面面积为 A，则此时孔口流量为：

$$Q = \mu A\sqrt{2gh} \qquad (4-62)$$

在 $\mathrm{d}t$ 时间内流出量为：

$$Q\mathrm{d}t = \mu A\sqrt{2gh}\mathrm{d}t \qquad (4-63)$$

在 $\mathrm{d}t$ 时间内容器液面下降 $\mathrm{d}h$，显然有：

$$\mu A\sqrt{2gh}\mathrm{d}t = -\omega \mathrm{d}h \qquad (4-64)$$

则：

$$\mathrm{d}t = -\frac{\omega}{\mu A\sqrt{2gh}}\mathrm{d}h \qquad (4-65)$$

设初始 $t=0$ 时，水头为 H_1，经过时间 t，水头降至 H_2，则：

$$t = \int_{H_1}^{H_2} -\frac{\omega}{\mu A\sqrt{2gh}}\mathrm{d}h = -\frac{1}{\mu A\sqrt{2g}}\int_{H_1}^{H_2}\frac{\omega \mathrm{d}h}{\sqrt{h}} \qquad (4-66)$$

若容器为柱体，则 ω 为常数，否则 $\omega = f(h)$。当 ω 为常数时，$t = \frac{2\omega}{\mu A\sqrt{2g}}(\sqrt{H_1} - \sqrt{H_2})$。

若 $H_1=H$，$H_2=0$，则排空时间为：

$$t_0=\frac{2\omega\sqrt{H}}{\mu A\sqrt{2g}}=\frac{2\omega H}{\mu A\sqrt{2gH}}=2T \qquad (4-67)$$

式中，T 为定常出流条件下排空相同流体体积所需的时间。这说明非定常出流排空(或充满)容器所需时间是定常出流的两倍。

4.6.2 管嘴出流

当孔口壁极厚或是孔口处接一段短管，一般短管长$(3\sim4)d$，这种形式的出流称为管嘴出流，又称厚壁孔口出流。常见的管嘴形式如图 4-22 所示。

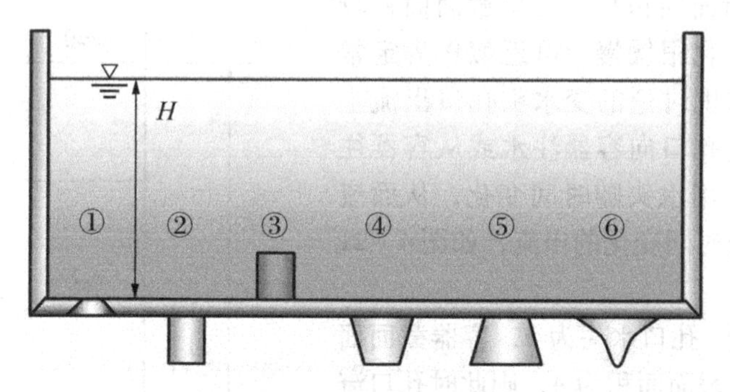

图 4-22 常见管嘴出流形式

①—薄壁孔口；②—厚壁孔口或外伸管嘴；③—内伸管嘴；④—收缩管嘴；⑤—扩张管嘴；⑥—流线形管嘴

工程上管嘴出流的情况也很常见，例如厚壁容器的孔口出流、消防水龙带的喷枪、水利工程中拱坎内的泄水孔等。下面以圆柱形管嘴的流动进行分析。

1. 圆柱形外管嘴定常出流

如图 4-23 所示为容器壁上的圆柱形外管嘴定常出流。管长约为$(3\sim4)d$，进入管嘴的流体在惯性作用下产生收缩，然后扩张充满全管后流出。收缩断面 $c-c$ 距进口约为$(0.5\sim0.8)d$。这里沿程损失较局部损失仍为小量，可以忽略不计。现以管嘴中心线为基准，建立容器 $O-O$ 截

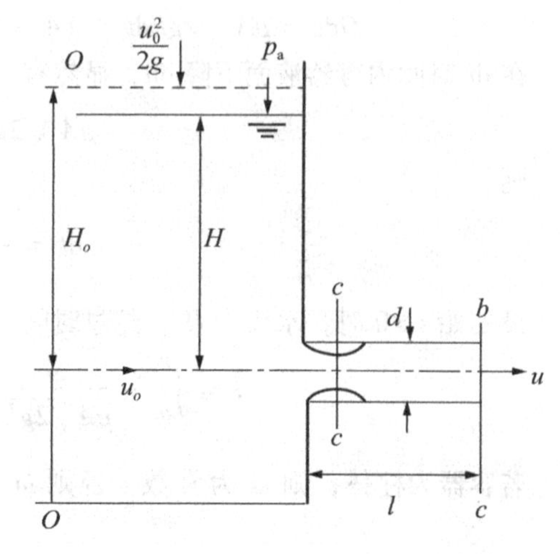

图 4-23 圆柱形外管嘴定常出流

面至管嘴出口截面 $b-b$ 之间的伯努利方程(假定流动为湍流状态):

$$H+\frac{u_0^2}{2g}=\frac{u^2}{2g}+h_j \tag{4-68}$$

式中,$h_j=\xi\frac{u^2}{2g}$包括进口损失和收缩断面后的扩大损失之和,再令 $H_0=H+\frac{u_0^2}{2g}$,称为作用水头,则出流速度和流量公式分别为:

$$u=\frac{1}{\sqrt{1+\xi}}\sqrt{2gH_0}=\varphi\sqrt{2gH_0} \tag{4-69}$$

$$Q=\varphi A\sqrt{2gH_0}=\mu A\sqrt{2gH_0} \tag{4-70}$$

式中,ξ、φ 和 μ 分别为管嘴阻力系数、流速系数和流量系数,一般应由实验确定。

实验给出直角进口(锐像)局部阻力系数 $\xi=0.5$,则 $\mu=\varphi=0.82$。式(4-69)和式(4-70)虽是从圆柱形外管嘴导出的,也适用于其他截面形状的管嘴,只是 φ 与 μ 的值不同而已。管嘴出流各项系数如表4-4所示。

表4-4 管嘴出流各项系数

名称	阻力系数	收缩系数	流速系数	流量系数
薄壁孔口	0.06	0.64	0.97	0.62
厚壁孔口(外伸管嘴)	0.5	1	0.82	0.82
内伸管嘴	1	1	0.71	0.71
收缩管嘴	0.09	0.98	0.96	0.95
扩张管嘴	4	1	0.45	0.45
流线形管嘴	0.04	1	0.98	0.98

2. 空化、空蚀现象及管嘴使用条件

比较式(4-59)与式(4-70),两式形式相同,只是 μ 取值不同。不难看出在相同作用水头和截面积下管嘴出流的流量大于孔口出流量。为什么管嘴的阻力系数远大于薄壁孔口的阻力系数,流量反而会增大呢?下面来分析这一原因。

如图4-23所示,建立 $c-c$ 断面与 $b-b$ 断面之间的伯努利方程(仍假定流动定常,流动为湍流):

$$\frac{p_c}{\gamma}+\frac{u_c^2}{2g}=\frac{u^2}{2g}+h_j \tag{4-71}$$

由连续性方程有:

$$u_c = \frac{A}{A_c} u = \frac{u}{C_c} \quad (4-72)$$

而局部损失 $h_j = \xi \frac{u^2}{2g}$ 为突然扩大的局部损失：

$$\xi = \left(\frac{A}{A_c} - 1\right)^2 = \left(\frac{1}{C_c} - 1\right)^2 \quad (4-73)$$

将 $u = \varphi\sqrt{2gH_0}$，则：

$$\frac{p_c}{\rho g} = -\left[\left(\frac{1}{C_c^2} - 1 - \left(\frac{1}{c_c} - 1\right)^2\right]\varphi^2 H_0 \quad (4-74)$$

实验给出圆柱形外管嘴 $C_c = 0.64$，$\varphi = 0.82$，则 $c-c$ 断面的相对压力 $\frac{p_c}{\rho g} = -0.75H_0$，这表明收缩断面上出现了真空，其真空度为：

$$\frac{p_v}{\rho g} = \frac{p_a - p_c}{\rho g} = 0.75H_0 \quad (4-75)$$

正是由于 $c-c$ 断面处的真空作用，使得流速较孔口出流口快，从而增大流量；从另一角度可认为真空度的出现相当于孔口自由出流的作用水头增大了75%。显然，采用管嘴泄水较孔口效率高。这一结论提示若要增大流量，可以增加收缩断面处的真空度，即 H_0 越大，$\frac{p_c}{\rho g}$ 就越大。理论上如此，但实际上不能无限增大。因为当 $c-c$ 断面处的压力低于当地饱和蒸气压力时，该处液体会被汽化，流动中会形成一些含有水蒸气的空泡，此种现象称为空化。当这些空泡流入高压区，空泡在外界高压作用下突然溃灭，且溃灭过程的时间极短，只有几百分之一秒，空泡四周的液体以极快的速度充填气泡空间，瞬间产生极高的压力。一方面，若空泡溃灭发生在固体边界，溃灭时的高压作用对壁面材料产生破坏作用，形成麻坑，这种现象称为空蚀（又称气蚀）；另一方面，当 $c-c$ 断面处压力低于当地饱和蒸气压力时，空气将会由出口被吸入（出口处为大气压力），管内将不能维持满管流而变成为孔口自由出流，流量将下降。实验结果给出，当位于海平面 0～300 m 的地区，汽化压力值为 1～100 kN/m^2，若管嘴长度为 $(3\sim4)d$，工程正常工作管嘴收缩断面的允许真空度为 $(p_c/\rho g) \leqslant 7$，则管嘴作用水头必须满足 $H_0 \leqslant 9$m。

对于管嘴长度的限制为 $(3\sim4)d$，若小于这个长度，流体未充分扩散便到达出口，收缩断面不能形成理想的真空，管嘴流动则达不到最佳效果；若管嘴长度大于 $(3\sim4)d$，沿程损失将进一步增大，出流将变成短管流，失去管嘴作用。

上述工作条件是针对圆柱形外管嘴而言的，其他形式的管嘴的水力特性及作用如

表4－5所示。

表4－5　常见管嘴的水力特性及作用

	圆柱形外管嘴	圆锥形扩张管嘴	圆锥形收缩管嘴	流线形圆管嘴
阻力系数ξ	0.5	3.4～4.0	0.09	0.04
收缩系数C_c	1.0	1.0	0.98	1.0
流速系数φ	0.82	0.45～0.50	0.96	0.98
流量系数μ	0.80	0.45～0.50	0.94	0.98
作　用	增大流量	增大流量、减小流速	增大射流流速	阻力小、流量大

4.7　管路水力计算

管径沿程不变的管道称为简单管路。管路水力计算中有三个重要的参数：管路的几何特征、流量、为了维持该流量和克服阻力所需的功率。通常，如果知道了这三个参数中的两个，那么第三个就可由计算决定。经常遇到的问题如，管路的几何特征是已知的，问在有效功率的作用下流量是多少；再如，对于某个给定的流量，所需的功率是多少；又如，在功率和流量都给定的情况下，如何设计管路系统。以下结合几个具体例子来阐述上面几个基本问题。

4.7.1　管路联水泵

在上述情况中，水依靠自己的位能沿管往下流，故称为自流管。下面再来处理把水从低处引向高处所需功率的问题。船上舱底水排出船外的污水泵，就是一个简单的例子。

如图4－24所示，取污水水面为基准面0－0，从它到2－2截面的高度为h，从0－0到泵的一段管长为l_1（称为吸水管），从泵到2－2一段管长为l_2（称为压水管）。并假定，两段直径均为d，管路有一些局部阻力，如拦物栅、

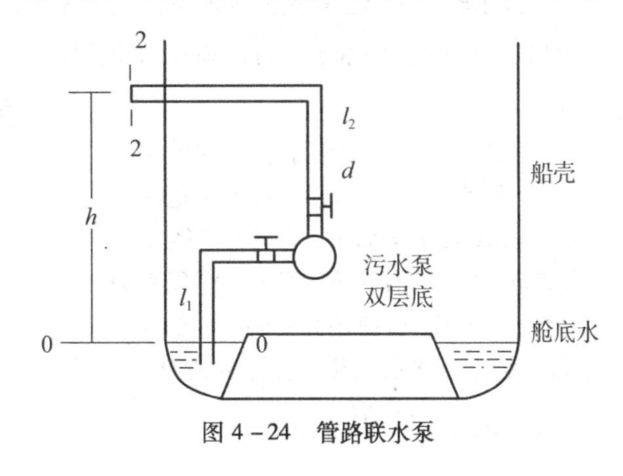

图4－24　管路联水泵

阀门、弯头等。

由于泵的作用，水能从0－0截面往上流到2－2截面而排出船外。假定泵供给单位重量的水的能量是H_p，则列出表示能量关系的伯努利方程式，就有：

$$0+\frac{p_0}{\gamma}+\frac{u_0^2}{2g}+H_p=h+\frac{p_2}{\gamma}+\frac{u_2^2}{2g}+\lambda\frac{l_1+l_2}{d}\cdot\frac{u_2^2}{2g}+\frac{u_2^2}{2g}\sum\xi \qquad (4-76)$$

在列伯努利方程时，要记住这样一条原则：凡属能量损失（如h_f、h_j等）应放在方程式的右边，而能量的增加（如H_p）则应放在方程式的左边。在式（4－76）中，因为污水水面通常很大（相对于管截面而言），该处u_0可忽略不计，解得：

$$H_p=h+\frac{p_2-p_0}{\gamma}+\left(1+\lambda\frac{l_1+l_2}{d}\sum\xi\right)\frac{u_2^2}{2g} \qquad (4-77)$$

可见，泵供给单位重量的水的能量用于：①把水举起高度h；②克服两个截面的压力差，通常$p_2=p_0=p_a$（大气压），故此项化为0；③克服整个管路上（包括吸水管和压水管）的总水头损失。

由此不难算出泵的功率：

$$P=\frac{\gamma QH_p}{1000} \qquad (4-78)$$

式中，γQ（单位为$\frac{\mathrm{N}}{\mathrm{s}}$）为每秒钟重量流量，$\gamma QH_p$（单位为W）为每秒钟供给水的能量，$\gamma$的单位为$\frac{\mathrm{N}}{\mathrm{m}^3}$，$Q$的单位为$\frac{\mathrm{m}^3}{\mathrm{s}}$，$H_p$的单位为m。

4.7.2 管路接水轮机

设水轮机从单位重量的水取得的能量是H_T，它消耗了水流的能量。因此水轮机就相当于一个负的水泵。可按和H_p的同样的方法来计算，把H_T当作管路阻力的一部分。

如图4－25所示的水轮机的效率为60%，引水管从水箱将水引入水轮机工作，水管长$l=50$ m，小管直径$d=0.25$ m，大管直径$D=0.75$ m，沿程阻力系数$\lambda=0.02$，管路还有一阀门，如果水位的落差$h=8$ m，问在怎样的流量下，水轮机能发出$\frac{\eta\gamma QH_T}{1000}$的功率。

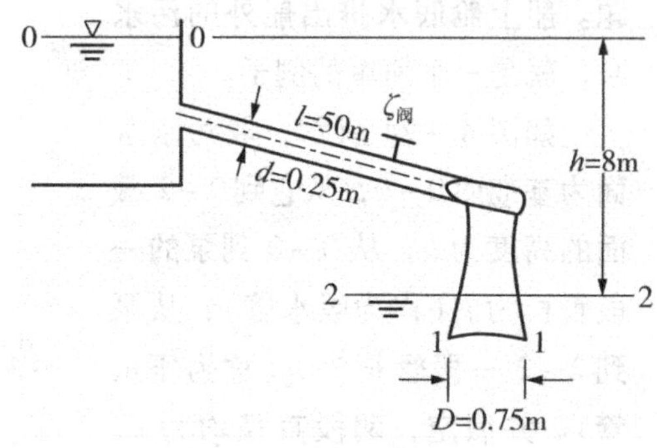

图4－25 管路接水轮机

在0-0和2-2截面列立伯努利方程式，把水轮机从流动中吸收的能量当成一项水头损失而放在方程的右边，即：

$$h+\frac{p_a}{\gamma}+\frac{u_0^2}{2g}=0+\frac{p_a}{\gamma}+\frac{u_2^2}{2g}+\lambda\frac{l}{d}\frac{u^2}{2g}+\sum h_j+H_T \tag{4-79}$$

因水面积很大，故u_0和u_2都忽略不计。局部损失包括：进口损失$\xi_{进口}=0.5$；阀门损失$\xi_{阀}=0.1$，对应速度均为u；从大管流入水池的出口损失$\xi_{出口}=0.1$，其对应速度为u_1。利用连续方程，把所有的速度都表示成流量，有：

$$\sum h_j=\xi_{进口}\frac{u^2}{2g}+\xi_{阀}\frac{u^2}{2g}+\xi_{出口}\frac{u_1^2}{2g}=\left[\xi_{进口}+\xi_{阀}+\left(\frac{d}{D}\right)^4\xi_{出口}\right]\frac{Q^2}{2g\left(\frac{\pi}{4}d^2\right)^2} \tag{4-80}$$

此外，因H_T是单位重量流体给出的能量，它与水轮机功率P_T(单位为kW)的关系为：

$$H_T=\frac{1000P_T}{\eta\gamma Q} \tag{4-81}$$

将这些代入伯努利方程，有：

$$h=\left[\lambda\frac{l}{d}+\xi_{进口}+\xi_{阀}+\left(\frac{d}{D}\right)^4\xi_{出口}\right]\frac{Q^2}{2g\left(\frac{\pi}{4}d^2\right)^2}+\frac{1000P_T}{\eta\gamma Q} \tag{4-82}$$

代入已知数据，经整理得：

$$Q^3-0.082Q+0.009=0 \tag{4-83}$$

解方程得$Q=0.194\ \mathrm{m^3/s}$，即所需流量为194 L/s。

4.7.3 水泵取水装置

如图4-26所示，已知管长$l_1=20\ \mathrm{m}$，管径$d_1=150\ \mathrm{mm}$，水泵的吸水管长$l_2=12\ \mathrm{m}$，管径$d_2=150\ \mathrm{mm}$，假定管路的阻力系数$\lambda=0.03$，水泵位于水池水平上2 m处，若水泵入口处的真空度不得超过6 m水柱，求极限情况下(最大许可流量)水池与水井液面高差h为多少？最大流量为多少？

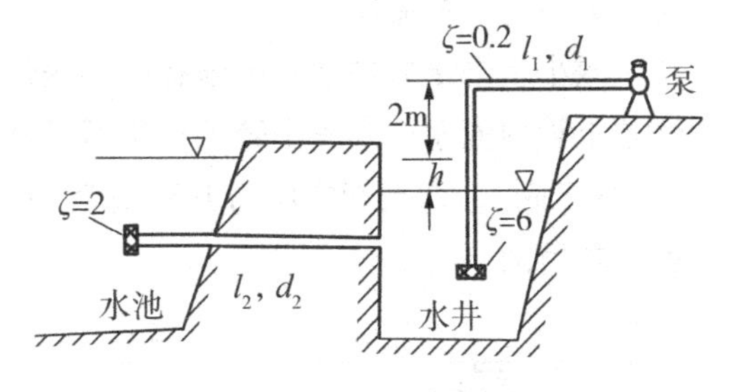

图4-26 水泵取水装置

列水井液面至水池入口处的伯努利方程：

$$0+\frac{p_a}{\gamma}+0=(h+2)+\frac{p}{\gamma}+\left(1+\lambda\frac{l_2}{d_2}+6+0.2\right)\frac{u^2}{2g} \tag{4-84}$$

解得：

$$h = 4 - 9.6\frac{u^2}{2g} \tag{4-85}$$

再列水池液面到水井液面的伯努利方程：

$$h + \frac{p_a}{\gamma} + 0 = 0 + \frac{p_a}{\gamma} + \left(\lambda\frac{l_1}{d_1} + 2 + 1\right)\frac{u^2}{2g}$$

$$h = 7\frac{u^2}{2g} \tag{4-86}$$

由式(4-85)和式(4-86)联立解得：

$$u = 2.16\ \mathrm{m/s}$$

则：

$$h = 7\frac{u^2}{2g} = 1.7\ \mathrm{m}$$

$$Q = u\frac{\pi d^2}{4} = 39\ \mathrm{L/s}$$

4.8 水击

通常将液体视为不可压缩流体，但是若液体在封闭管道内流速突然改变(如开关阀门等)导致管内流速和压力突变，以波动的形式在管内传播与反射的现象称为水击。当液体发生水击现象时常伴有管道的振动和噪声，严重时引起管壁破裂等，不能再视为不可压缩流体。

减小水击压力的常用措施有：①缓慢开关阀门即增大时间，避免产生直接水击；②减小管内流速；③减小管长，从而可避免发生直接水击；④在管道上安装水击消除阀(减压阀)，即当管内压力升高到某一数值后，消除阀自动开启让部分水溢出以达减压的目的。

4.9 边界层

在雷诺数很大时，流体沿固体壁面流动时受黏性影响在壁面附近形成的显著的薄流层，普朗特称为边界层，壁面附近存在较大切应力，在垂直于流动方向上便产生了速度梯度，如图4-27所示。

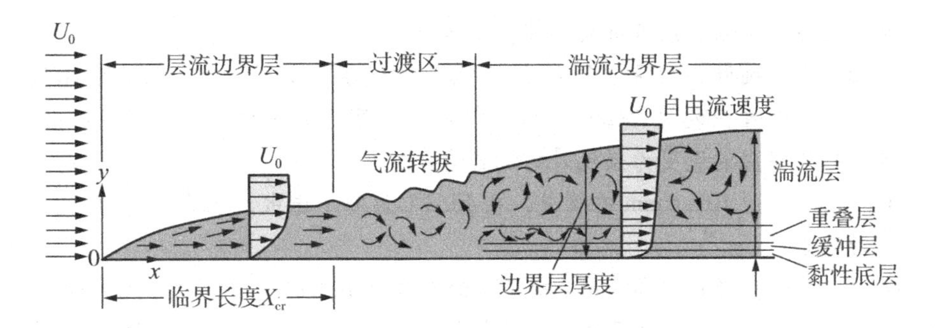

图 4-27　边界层

边界层厚度 δ：自固体边界表面沿其外法线到纵向流速 U_x 达到主流速 U_0 的 99% 处的距离称为边界层厚度。边界层中的流动同样存在层流和湍流两种流态，当边界层的厚度顺流增大，即 δ 是 x 的函数，在 $x = X_{cr}$处边界层由层流转变为湍流。

实际工程问题中，如果边界层迅速增厚、阻力增大使边界层内流速减小、动量减小，如两者共同作用在一足够长的距离，致使边界层内流体流动停滞下来，分离便由此而生，自分离点起，边界流线必脱离边界，其下游近壁处形成回流(或涡旋)，如图 4-28 所示。

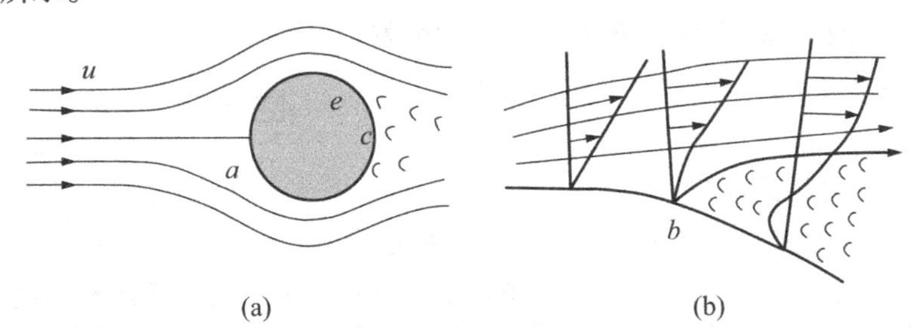

图 4-28　边界层分离

习　题

4-1　回答下列问题：

(1)雷诺数 Re 有什么物理意义？为什么它能起到判别流态的作用？

(2)不同黏性的流体流过两个不同管径的管道，它们的临界雷诺数是否相同？或不能确定？

(3)不同黏性的流体流过两个管径相同的管道，它们的临界流速是否相同？或不能确定？

4-2　试比较圆管内流动的雷诺数定义和沿平板流动的雷诺数的定义，并比较两种情况下的层流流动、湍流流动和临界雷诺数。

4－3　有一圆管，直径为10 mm，断面平均流速为0.25 m/s，水温为10℃，试判别水流形态。若直径改为25 mm，水温和流速不变，流态如何？若直径仍为25 mm，水温同上，流态由湍流变为层流时的流量为多少？

4－4　内径为101.6 mm的管道，在43.3℃温度下送水，水的流速为1 m/s，判断管内流动状态。

4－5　管道直径$d=100$ mm，输送水的流量为10 kg/s，水温为5℃，试确定管内水流的流态。如用此管输送同样质量流量的石油，已知石油密度$\rho=850$ kg/m^3，运动黏度$\nu=1.14$ cm^2/s，试确定石油流动的流态。

4－6　20℃的原油（其运动黏度$\nu=7.2$ mm^2/s），流过长900 m、内径为304.8 m的新铸铁管（$\Delta=0.244$ mm），若只计管道摩擦损失，当流量为0.222 m^3/s时，需要多大的压头？

4－7　水平放置的新铸铁管，内径为101.6 mm，输送10℃的水，当速度为0.4 m/s时，求90 m长度管段上的压力降。

4－8　通过直径为50 mm的管道的油，$Re=1700$，$\nu=0.744\times10^{-4}$ m^2/s，问距管壁6.25 mm处的流速为多少？

4－9　流速由u_1变到u_2的突然扩大管分两次扩大，如图所示，中间流速u取何值时局部阻力损失最小？此时局部阻力损失为多少？并与一次扩大的情况进行比较。

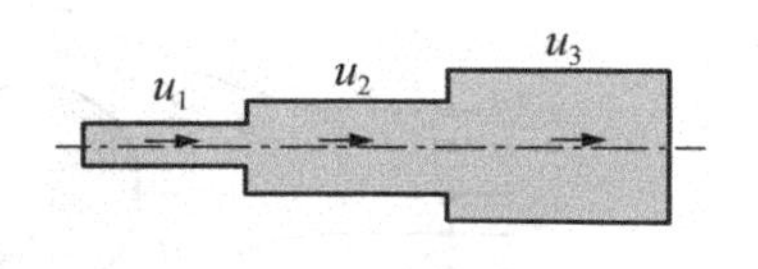

习题4－9图

4－10　如图所示，用薄隔板将水流分成上、下两部分水体，已知小孔口直径$d=20$ mm，$u_0\approx u_1\approx0$，上、下游水位差$H=2.5$ m，求流量q。

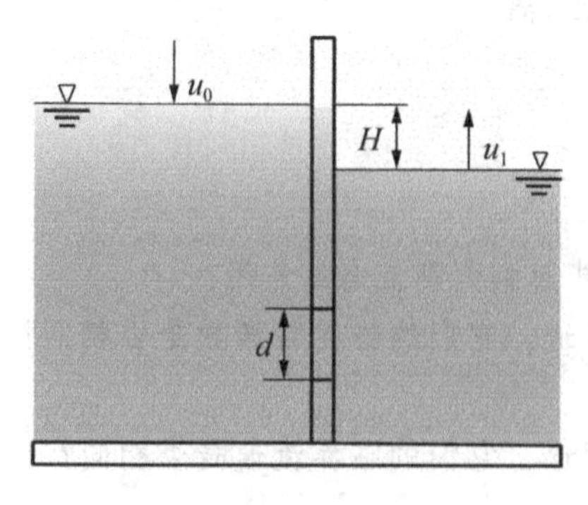

习题4－10图

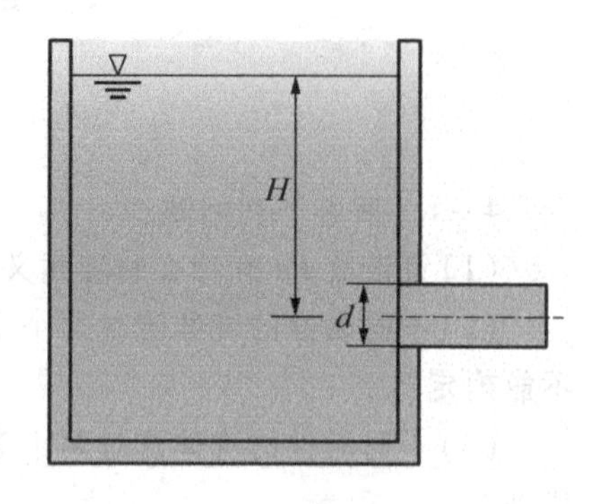

习题4－11图

4－11 如图所示，泄水池侧壁有一外伸管嘴，作用水头 $H=4\text{ m}$，通过的流量 $q=5\text{m}^3/\text{s}$，试确定外伸管嘴的直径 d。

4－12 两大型水池用一管嘴相连，水位差 $H=6\text{ m}$，通过的流量 $q=1\text{ m}^3/\text{s}$，试确定管径 d。

4－13 用试验方法测得从直径 $d=10\text{ mm}$ 的圆孔出流时，流出 10L 水需要时间 $t=32.8\text{s}$，水箱作用压头恒定为 $H=2\text{ m}$，圆孔出流收缩断面直径 $d_c=8\text{ mm}$，试确定圆孔的截面收缩系数、流速系数、流量系数和局部损失系数。

4－14 如图所示，给水泵的吸水管长 $L=15\text{ m}$，直径 $d=150\text{ mm}$，已知进水阀的损失系数 $\xi_1=0.6$，弯头损失系数 $\xi_2=0.2$，流量 $Q=16\text{L/s}$，$h=4\text{m}$，若水的运动黏度 $\nu=0.01\text{ cm}^2/\text{s}$，管子的绝对粗糙度 $\Delta=0.2\text{ mm}$，求水泵吸入处的真空度。

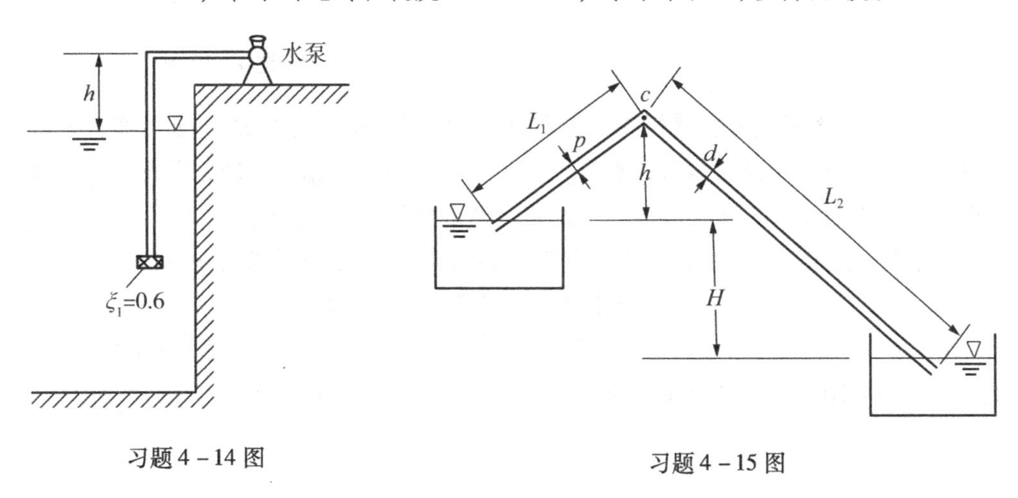

习题4－14图

习题4－15图

4－15 如图所示的虹吸管，已知 $L_1=2\text{ m}$，$L_2=4\text{ m}$，$d=7.5\text{ cm}$，$h=1.5\text{ m}$，$H=2\text{m}$，$\xi_{进口}=0.5$，$\xi_{弯头}=0.29$，$\xi_{出口}=1$，若沿程阻力系数 $\lambda=0.046$，求管内流量 Q 和 c 点处的真空度。

4－16 长度为 $L=20\text{ m}$，直径 $d=20\text{ cm}$ 的有压输水管，管道为正常情况下的钢管（$\Delta=0.19\text{ mm}$），水温为 6℃ 时，$\nu=0.0147\text{ cm}^2/\text{s}$，若流量为 $Q=24\text{ L/s}$，求沿程水头损失。

4－17 截面积为 0.093 m^2 的水管，通过的流量为 $0.028\text{ m}^3/\text{s}$ 的水，其截面积突然扩大到 0.377 m^2，若小管中的压力为 4.8kPa，求：

(1)扩大的能头损失。

(2)扩大后大管中的压力。

4－18　如图所示的流动，管子为新铸铁管 $\Delta=0.013$ mm，$\xi_B=0.8$，$\xi_C=0.9$，$\xi_A=0.3$，求 B 点处的压力。

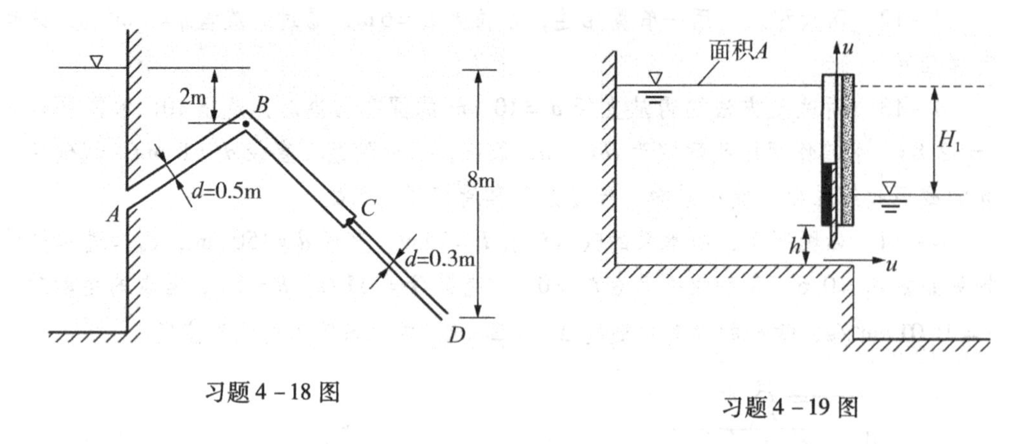

习题 4－18 图

习题 4－19 图

4－19　如图所示的船闸闸室，面积 $A=800\ \text{m}^2$，泄水孔宽 $B=4$ m，高 $h=2$ m，形状为矩形，上、下游初始水位差 $H_1=5$ m，孔口流量系数 $\mu=0.65$，若闸门以速度 $u=0.05$ m/s 匀速上升开启，设孔口出流时下游水位保持不变，试求：

(1) 闸门开启到位(达到 $h=2$ m 的高度)时，闸室中水位下降的深度。

(2) 当闸室中的水位下降到与下游水位平齐时所需的时间。

4－20　混凝土坝身内设一泄水管，如图，作用水头 $H=6$ m，管长 $L=4$ m，希望通过流量 $Q=10\ \text{m}^3/\text{s}$，试计算所需的管径 d，设流量系数 $\mu=0.82$。

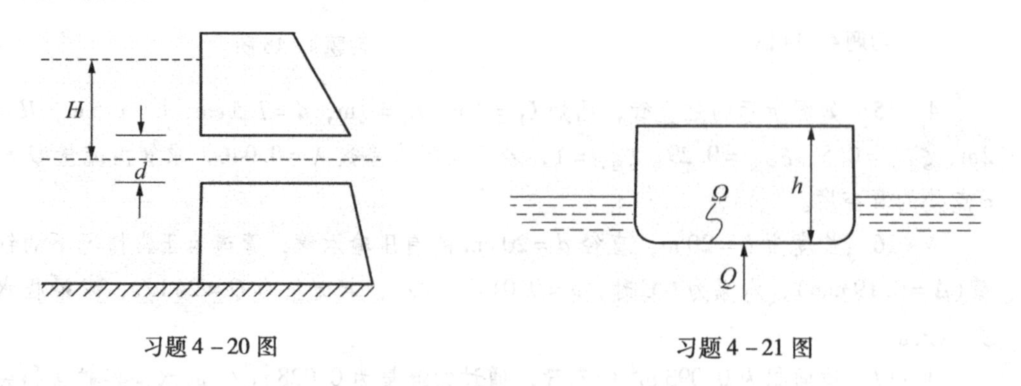

习题 4－20 图

习题 4－21 图

4－21　平底空船横断面形状如图，船舷高 $h=0.5$ m，船底面积 $\Omega=8\ \text{m}^2$，船自重 $G=9.8$ kN，现船底有一个直径为 10 cm 的破洞，水自破洞流入船内，试问船沉没所需的时间。

5 相似理论与量纲分析

解决实际工程中的流体力学问题一般有两种途径：①建立描述流动过程的微分方程，并根据初始条件和边界条件对微分方程求解，以得到各物理量之间的关系；②通过实验寻求流动过程的规律。许多复杂的流动现象难以用微分方程描述，或者由于数学上的困难建立的微分方程难于求解，因此，实验研究是解决许多流体动力学问题的重要手段。

汽车、船舶、飞机的研制，大型水坝的建造等工程问题，由于产品尺寸庞大，结构复杂，造价昂贵，通常通过缩比模型进行实验研究，需要解决实验条件如何安排，试验数据如何整理和试验结果如何换算等重要问题。相似理论与量纲分析就是解决这些问题的基础。

5.1 相似概念及理论

相似理论揭示相似的物理现象各对应参数之间应满足的关系，根据相似理论分析得到的相似特征数对流体力学实验具有重要的指导意义。

5.1.1 相似概念

1. 物理现象相似

如果在相应的时刻，两个物理现象的相应特征量之间的比值在所有对应点上保持常数，则这两个物理现象是相似的，相似系数为无量纲的常数。

2. 流动现象相似

在可控条件下重复某种流动现象的过程，实验对象可以是原型或几何相似的模型，通常对太大的实体用缩小的模型，对太小的实体则用放大的模型来代替。按照相似原理在模型上进行实验，就可将实验结果应用于实体。如图 5 - 1 所示为绕机翼剖面的流动相似。

(1)几何相似

模型与实物几何形状相似，即两系统对应长度均具有同一比例，且对应角相等，该关系表示为：

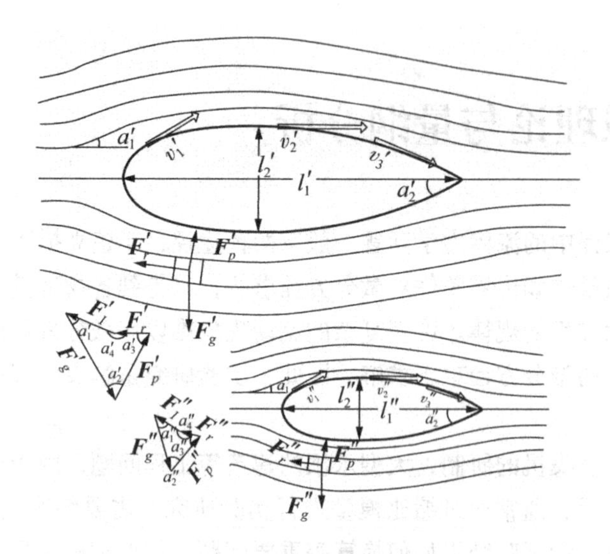

图 5-1　绕机翼剖面的流动相似

$$
\begin{cases}
\dfrac{l_1'}{l_1''} = \dfrac{l_2'}{l_2''} = \dfrac{l_3'}{l_3''} = \cdots = C_l(\text{常数}) \\
\alpha_1' = \alpha_1'',\ \alpha_2' = \alpha_2''\cdots
\end{cases} \tag{5-1}
$$

式中，一撇(′)表示属于实物系统；两撇(″)表示属于模型系统；C_l 为相似系数(长度比尺)，面积比尺 $C_S = C_l^2$，体积比尺 $C_V = C_l^3$。

长度比尺是基本比尺，面积比尺和体积比尺是导出比尺。导出比尺与基本比尺的关系为导出物理量量纲与基本物理量量纲间的关系。几何相似除绕流物体形状相似外，还要求周围流线分布也相似。

(2)运动相似

流动的速度场相似，即满足几何相似的两系统对应瞬时、对应点上的速度方向相同，大小成同一比例，该关系表示为：

$$
\frac{v_1'}{v_1''} = \frac{v_2'}{v_2''} = \frac{v_3'}{v_3''} = \cdots = C_v \tag{5-2}
$$

可以证明，运动相似的两个系统中，对应流体质点走过对应距离的时间间隔成比例，由 $C_v = \dfrac{C_l}{C_t}$，得 $C_t = \dfrac{C_l}{C_v}$，其中 C_v、C_l 均为常数，所以 C_t 也为常数，即运动相似的系统，时间也相似；还可证明，运动相似的系统，对应点的加速度 $C_a = \dfrac{C_v}{C_t} = \dfrac{C_v^2}{C_l}$，流量

$C_q=\dfrac{C_l^3}{C_t}=C_l^2C_v$，运动黏度 $C_\nu=\dfrac{C_l^2}{C_t}=C_lC_v$，角速度 $C_\omega=\dfrac{C_v}{C_l}$也相似。可见，一切运动学比尺都是长度比尺和速度比尺的函数。

(3)动力相似

在运动相似系统中，在对应瞬时、对应位置处相同名称力的方向相同，大小均具有同一比例，则系统称为动力相似，这一关系可表示为：

$$\begin{cases}\dfrac{\boldsymbol{F}'_I}{\boldsymbol{F}''_I}=\dfrac{\boldsymbol{F}'_g}{\boldsymbol{F}''_g}=\dfrac{\boldsymbol{F}'_p}{\boldsymbol{F}''_p}=\dfrac{\boldsymbol{F}'_\tau}{\boldsymbol{F}''_\tau}=\cdots=C_F\\ \alpha'_1=\alpha''_1,\alpha'_2=\alpha''_2,\alpha'_3=\alpha''_3,\alpha'_4=\alpha''_4\cdots\end{cases}\tag{5-3}$$

在图5-1中，在物体近旁的两条靠近的流线中，取出一个流体微团，$\boldsymbol{F}_I=-m\boldsymbol{a}$ 表示微团所受的惯性力，$\boldsymbol{F}_g$ 为重力，$\boldsymbol{F}_p$ 为压力，$\boldsymbol{F}_\tau$ 为黏性力。式(5-3)表示微团受力的封闭多边形相似，C_F 为力的比尺。

动力相似包括运动相似，而运动相似又包括几何相似，所以动力相似包括力、时间和长度三个基本物理量相似。两系统的其他物理量由它们决定，也必然相似。由此可以推导出，两系统之间存在密度相似：

$$C_\rho=\frac{\rho'}{\rho''}=\frac{\lim\limits_{\Delta v'\to 0}\dfrac{\Delta m'}{\Delta v'}}{\lim\limits_{\Delta v''\to 0}\dfrac{\Delta m''}{\Delta v''}}=\frac{\dfrac{\Delta m'}{\Delta m''}}{\lim\limits_{\substack{\Delta v\to 0\\ \Delta v''\to 0}}\dfrac{\Delta v'}{\Delta v''}}=\frac{\dfrac{\Delta G'}{\Delta G''}\Big/\dfrac{\Delta g'}{\Delta g''}}{\lim\limits_{\substack{\Delta v'\to 0\\ \Delta v''\to 0}}\dfrac{\Delta v'}{\Delta v''}}=\frac{C_F/C_a}{C_l^3}\tag{5-4}$$

式中，m 和 G 分别为质量和重量，g 为重力加速度。因 C_F、C_a 和 C_l 均为常数，所以 C_ρ 也为常数，即两系统的密度相似，则质量比尺 $C_m=C_\rho C_l^3$，力的比尺 $C_F=C_\rho C_l^2C_v^2$。

这里也存在流体动力(压力、升力、阻力)系数相等，流体动力(压力、升力、阻力)相似。

无因次的流体动力系数 C_P 由下式定义：

$$C_P=\frac{P}{\frac{1}{2}\rho v^2S}\tag{5-5}$$

式中，P 为流体作用力，ρ、v 和 S 分别为选定的作为特征量的流体密度、速度和面积。

现在证明两动力相似系统的流体动力系数相等：

$$C'_P=\frac{P'}{\frac{1}{2}\rho'v'^2S'}=\frac{C_FP''}{\frac{1}{2}C_P\rho''C_v^2v''^2C_sS''}=\frac{C_F}{C_pC_v^2C_s}\frac{P''}{\frac{1}{2}\rho''v''^2S''}\tag{5-6}$$

式中，$\dfrac{C_F}{C_\rho C_v^2 C_l^2}=\dfrac{C_\rho C_l^3 C_a}{C_\rho C_v^2 C_l^2}=\dfrac{C_l\dfrac{C_v}{C_t}}{C_v^2}=\dfrac{C_v^2}{C_v^2}=1$，$\dfrac{P''}{\dfrac{1}{2}\rho'' v''^2 S''}=C_P''$。因此 $C_P'=C_P''$，即两动力相似系统的流体动力系数相等。据此通过模型试验求出模型的流体动力系数，直接令它等于实物流体动力系数，从而计算出实物的流体动力系数。

两流动系统相似除应具有以上三个相似条件外，还要求初始条件和边界条件一致。一般来说，几何相似是流动相似的基础，动力相似则是决定两流动相似的主导因素，运动相似是几何相似和动力相似的表现。

3. 相似准则

相似准则既是判断流动相似的标准，又是设计模型的准则。由流动现象的特征量所组成的无量纲组合数，通过它们来判断两个流动现象是否相似，此无量纲组合数称为相似准则，也称为相似判据或相似准数。在进行流体力学的模型试验时，模型系统与实物系统的特征物理量之间应保持一定的关系，这些关系由相似准则推导得出。

5.1.2 相似理论

(1)相似性第一定理(正定理)：彼此相似的流动现象必定具有数值相同的相似准则。

(2)相似性第二定理(逆定理)：若流动现象的相似准则在数值上相等，则这些现象必定相似。

(3)相似性第三定理(Π 定理)：描述某流动现象的各物理量 A、$a_i(i=1, 2, \cdots, n)$ 之间的关系式 $A=f(a_1, a_2, \cdots, a_n)$，可以转变为由相似准则 Π、$\Pi_i(i=1, 2, \cdots, n)$ 之间的函数关系：$\Pi=F(\Pi_1, \Pi_2, \cdots, \Pi_{n-3})$，这种关系式称为准则关系式或准则方程式，也称 Π 定理。

因为对于彼此相似的流动现象，相似准则保持同样的数值，所以它们的准则方程式也应该是相同的。如果能把模型流动的实验结果整理成准则方程式，则该方程式可以应用到实物流动中，它实质上是在实验条件下得到的描述该现象的基本微分方程组的一个特解。

相似三定理回答了模型试验中必须解决的一系列问题，归纳起来可概述如下：①确定模型系统的特征长度、特征速度，选择模型中的流动介质时，应使模型系统的相似准则与实物系统相应的相似准则在数值上保持相等，以使模型系统与实物系统达到流动现象相似；②模型试验时应测定各相似准则中所包含的一切物理量，并把它们整理成相似准则；③应把实验找到的各相似准则之间的数量关系整理成准则关系公式或曲线，以便应用到实物流动中去。

从以上的讨论可知，在模型试验中，从模型设计、介质选择，直到物理量的测定和试验结果的整理，都离不开相似准则。通常有两种方法来确定相似准则：方程分析法和利用Π定理量纲分析的方法。

5.2 量纲分析

5.2.1 方程分析法

通常，流动现象相似的充分必要条件是满足同一微分方程式，且边界条件和初始条件相似，据此来讨论黏性流体流动相似问题。对于两个流动相似系统，均满足纳维－斯托克斯方程(以 x 方向方程为例)：

$$\frac{\partial v'_x}{\partial t'}+v'_x\frac{\partial v'_x}{\partial x'}+v'_y\frac{\partial v'_x}{\partial y'}+v'_z\frac{\partial v'_x}{\partial z'}=X'-\frac{1}{\rho'}\frac{\partial p'}{\partial x'}+\nu\nabla^2 v'_x+\frac{\nu'}{3}\frac{\partial}{\partial x'}(\nabla\cdot\boldsymbol{\nu}') \quad (5-7)$$

$$\frac{\partial v''_x}{\partial t''}+v''_x\frac{\partial v''_x}{\partial x''}+v''_y\frac{\partial v''_x}{\partial y''}+v''_z\frac{\partial v''_x}{\partial z''}=X''-\frac{1}{\rho''}\frac{\partial p''}{\partial x''}+\nu\nabla^2 v''_x+\frac{\nu''}{3}\frac{\partial}{\partial x''}(\nabla\cdot\boldsymbol{\nu}'') \quad (5-8)$$

式中，一撇和两撇分别表示属于实物系统和模型系统。

由于两系统流动相似，所有同类物理量成比例，可用对应的相似常数表示如下：

$$\begin{cases} x'=C_l x'',\ y'=C_l y'',\ z'=C_l z'' \\ v'_x=C_v v''_x,\ v'_y=C_v v''_y,\ v'_z=C_v v''_z \\ X'=C_g X'',\ Y'=C_g Y'',\ Z'=C_g Z'' \\ t'=C_t t'',\ \rho'=C_\rho \rho'',p'=C_p p'',\nu'=C_\nu \nu'' \end{cases} \quad (5-9)$$

将式(5－9)代入式(5－7)可得：

$$\frac{C_v}{C_t}\frac{\partial v''_x}{\partial t''}+\frac{C_v^2}{C_l}\left(v''_x\frac{\partial v''_x}{\partial x''}+v''_y\frac{\partial v''_x}{\partial y''}+v''_z\frac{\partial v''_x}{\partial z''}\right)=$$

$$C_g X''-\frac{C_p}{C_\rho C_l}\frac{1}{\rho''}\frac{\partial p''}{\partial x''}+\frac{C_\nu C_v}{C_l^2}\left[\nu''\nabla^2 v''_x+\frac{\nu''}{3}\frac{\partial}{\partial x''}(\nabla\cdot\boldsymbol{\nu}'')\right] \quad (5-10)$$

可见模型系统的物理量(有两撇的)要同时满足式(5－8)和式(5－10)。这样两个公式应该是同一方程式的不同表现形式，因此在式(5－10)中由各相似常数所组成各项的系数必须相等，才可以把这些系数约去，使式(5-10)变成式(5-8)，所以：

$$\frac{C_v}{C_t}=\frac{C_v^2}{C_l}=C_g=\frac{C_p}{C_\rho C_l}=\frac{C_\nu C_v}{C_l^2} \tag{5-11}$$

局部惯性力　变位惯性力　质量力　压力　黏性力

由于式(5-7)和式(5-8)中的每一项分别代表两个系统单位质量流体上的一种作用力，直接影响流动的力是惯性力，它力图维持原有的流动状态；其他力是流体受到的外力，它们力图改变流动状态。流动的变化就是惯性力与其他力相互作用的结果。因此式(5-11)表示力的多边形相似，各种力的比值相同，即动力相似。

在式(5-11)中用变位惯性力项C_v^2/C_l除全式各项可得：

$$\frac{C_l}{C_v C_t}=1=\frac{C_l C_g}{C_v^2}=\frac{C_p}{C_\rho C_v^2}=\frac{C_\nu}{C_v C_l} \tag{5-12}$$

还可以将上式改变一下，为此引入音速的传播公式：

$$a^2=\frac{\partial p}{\partial \rho} \tag{5-13}$$

对应的相似常数为：

$$C_a^2=\frac{a'^2}{a''^2}=\frac{\partial p'}{\partial \rho'}\Big/\frac{\partial p''}{\partial \rho''}=\frac{C_p}{C_\rho},\ \frac{C_a^2}{C_v^2}=\frac{C_p}{C_\rho C_v^2} \tag{5-14}$$

这样式(5-12)可以扩展成：

$$\frac{C_l}{C_v C_t}=1=\frac{C_l C_g}{C_v^2}=\frac{C_p}{C_\rho C_v^2}=\frac{C_\nu}{C_v C_l}=\frac{C_a^2}{C_v^2} \tag{5-15}$$

因此，将迁移惯性力与其他力进行比较就可得到5个相似准则：

$$\frac{C_l}{C_v C_t}=1\Rightarrow\frac{l'}{v't'}=\frac{l''}{v''t''}\text{。定义：}St=\frac{l}{vt}\text{（常数）} \tag{5-16}$$

$$\frac{C_l C_g}{C_v^2}=1\Rightarrow\frac{v'^2}{g'l'}=\frac{v''^2}{g''l''}\text{。定义：}Fr=\frac{v}{\sqrt{gl}}\text{（常数）} \tag{5-17}$$

$$\frac{C_p}{C_\rho C_v^2}=1\Rightarrow\frac{p'}{\rho'v'^2}=\frac{p''}{\rho''v''^2}\text{。定义：}Eu=\frac{p}{\rho v^2}\text{（常数）} \tag{5-18}$$

$$\frac{C_\nu}{C_v C_l}=1\Rightarrow\frac{v'l'}{\nu'}=\frac{v''l''}{\nu''}\text{。定义：}Re=\frac{vl}{\nu}\text{（常数）} \tag{5-19}$$

$$\frac{C_a^2}{C_v^2}=1\Rightarrow\frac{v'^2}{a'^2}=\frac{v''^2}{a''^2}\text{。定义：}Ma=\frac{v}{a}\text{（常数）} \tag{5-20}$$

以上5个无因次数称为相似准则。

可见，如果两个黏性流体的流动现象是相似的，则它们具有在数值上相等的相似准则，或称相似准数。这些相似准数是斯特洛哈尔数 St、弗劳德数 Fr、欧拉数 Eu、雷诺数 Re 和马赫数 Ma。而且根据式(5－11)的物理意义可知，两个相似流动之间某一相似准数相等表示与之对应的某一种力成比例，即对于这种力是动力相似的。例如 Re 相等，表示对于黏性力是动力相似的。

下面进一步讨论这些相似准则的物理意义。

根据纳维－斯托克斯方程各项的物理意义和因次，可以得到如下的关系：

$$\begin{array}{ccccc} \dfrac{\partial v_x}{\partial t} & + v_x \dfrac{\partial v_x}{\partial x} + \cdots & = X - & \dfrac{1}{\rho}\dfrac{\partial p}{\partial x} + & \nu \nabla^2 v_x + \cdots \\ \dfrac{v}{t} & \dfrac{v^2}{l} & g & \dfrac{p}{\rho l} & \dfrac{\nu v}{l^2} \\ \text{局部惯性力} & \text{变位惯性力} & \text{质量力} & \text{压力} & \text{黏性力} \end{array} \tag{5-21}$$

根据式(5－21)来讨论各个相似准数的物理意义：

(1)雷诺数，即：

$$Re = \frac{vl}{\nu} \tag{5-22}$$

雷诺数是惯性力与黏性力的比值：

$$\frac{\text{惯性力}}{\text{黏性力}} = \frac{\dfrac{v^2}{l}}{\dfrac{\nu v}{l^2}} = \frac{vl}{\nu} = Re \tag{5-23}$$

可见雷诺数反映了流体黏性的作用。Re 相等表示流动现象的黏性力相似，所以和黏性力有关的现象由 Re 来决定，如卡门涡街的产生和激发振动、层流过渡为湍流，以及潜艇水下航行的阻力系数等都和 Re 密切有关。另外雷诺数数值的大小还反映惯性力和黏性力的比值，Re 大表示黏性作用小，而 Re 小表示黏性作用大。对于理想流体 $\nu \to 0$，此时 $Re \to \infty$。

(2)弗劳德数，即：

$$Fr = \frac{v}{\sqrt{gl}} \tag{5-24}$$

弗劳德数是惯性力与重力的比值：

$$\frac{\text{惯性力}}{\text{质量力}} = \frac{\dfrac{v^2}{l}}{g} = \frac{v^2}{gl} = Fr^2 \tag{5-25}$$

可见弗劳德数反映重力(质量力)对流体的作用。Fr 相等表示现象的重力作用相似，所以和重力有关的现象由 Fr 决定，例如波浪运动和舰船的兴波阻力等。

【例5－1】一潜艇长为 $L=78$ m，水面航速为 13 kn，现用 1：50 的模型在水池中做实验测它的兴波阻力，试确定水池拖车的拖曳速度。

解：实验应按弗劳德准则进行。

已知船模长度为：

$$L_m = 1/50 \times 78\text{m} = 1.56\text{ m}$$

实艇水面航速为：

$$v_p = 13 \times (1.852/3.6)\text{ m/s} = 6.7\text{ m/s}$$

由 $\dfrac{v_p}{\sqrt{gl_p}} = \dfrac{v_m}{\sqrt{gl_m}}$ 得实验时船模的拖曳速度：

$$v_m = v_p \sqrt{\frac{l_m}{l_p}} = 0.95\text{ m/s}$$

(3)斯特劳哈尔数，即：

$$St = \frac{l}{vt} \tag{5-26}$$

斯特劳哈尔数是变位惯性力和局部惯性力(非定常运动的惯性力)的比值：

$$\frac{局部惯性力}{变位惯性力} = \frac{\dfrac{v}{t}}{\dfrac{v^2}{l}} = \frac{l}{vt} = St \tag{5-27}$$

可见斯特劳哈尔数反映流体非定常流动的相似，对于周期性的非定常流动就反映其周期性相似。St 相等表示现象的周期性相似，所以和周期性有关的非定常流动由 St 来决定，例如卡门涡街引起的振动、螺旋桨的性能等。

在有关螺旋桨的理论中，可以将式(5－27)改变为如下形式：

$$\lambda = \frac{v}{nD} \tag{5-28}$$

式中，n 为螺旋桨每分钟转速；D 为螺旋桨直径；λ 为无因次数，称为螺旋桨的相对进程。

(4)欧拉数，即：

$$Eu = \frac{p}{\rho v^2} \tag{5-29}$$

欧拉数是压力表面力与惯性力的比值：

$$\frac{\text{压力}}{\text{惯性力}} = \frac{\frac{p}{\rho l}}{\frac{v^2}{l}} = \frac{p}{\rho v^2} = Eu \tag{5-30}$$

可见欧拉数反映压力对流体的作用。欧拉数相等表示现象的压力作用相似，所以和压力有关的现象由 Eu 来决定，例如空泡现象、空泡阻力等。在讨论空泡问题时这一相似准数称为空泡数，并用 σ 来表示：

$$\sigma = \frac{p - p_v}{\frac{1}{2}\rho v^2} \tag{5-31}$$

式中 p_v 为液体的饱和气压。

(5)马赫数，即：

$$Ma = \frac{v}{a} \tag{5-32}$$

由于 $a^2 = \frac{\partial p}{\partial \rho}$，因此音速 a 为流体单位密度变化所需要的压力变化(的平方根)，反映了流体的压缩性。马赫数反映流体的压缩性，Ma 相等就是压缩性相似，与压缩性有关的现象就由马赫数来决定，例如高速飞机的性能要用 Ma 来表示。

以上 Re、Fr、St、Eu 和 Ma 五个相似准数是在进行流体动力试验时要考虑的。不同的试验根据不同的侧重点进行取舍，例如在低速风洞中进行潜艇的阻力试验时，只需考虑 Re(有黏性的作用)，可以不考虑 Fr(无兴波问题)、St(风速是等速的，流动是定常的)和 Eu(无空泡现象)；在水池中进行舰船的水面阻力试验时，则只考虑 Re(有黏性阻力)和 Fr(有兴波阻力)。

5.2.2 因次分析法与 Π 定理

物理量测量单位的种类称为因次或量纲。如米、厘米都属于长度测量单位，具有长度的量纲，记为[L]；千克、克都属于质量单位，具有质量的量纲，记为[M]；小时、分、秒都属于时间测量单位，具有时间的量纲，记为[T]。

测量单位可以分为基本单位和导出单位。基本单位是该研究现象中最重要的而且是量纲独立的量，都是经选定被一致公认的。船舶与海洋工程中的黏性不可压缩流体的动力学问题中有三个基本单位，它们的量纲分别用[L]、[M]与[T]表示；而工程单位制则采用长度、力及时间为基本单位，相应的量纲为[L]、[F]与[T]。

本书采用国际单位制，以[L]、[M]、[T]为基本量纲，其他一些物理量的量纲

是由上述基本量纲根据该物理量本身的定义推导出来的，如表5－1所示。

表5－1　特征量的量纲(以[L]、[M]、[T]为基本量纲)

特征量	量纲
速度 v	$[LT^{-1}]$
加速度 a	$[LT^{-2}]$
密度 ρ	$[ML^{-3}]$
力 F	$[MLT^{-2}]$
应力 p、τ	$[ML^{-1}T^{-2}]$
动力黏度 μ	$[ML^{-1}T^{-1}]$
运动黏度 ν	$[L^2T^{-1}]$

在量纲分析中还可选取要研究的流动现象中特征物理量中三个量纲相互独立的物理量作为基本量，如在黏性不可压缩流动问题中常选取 ρ、v、L 作为基本量，则其他物理量的量纲可以用量纲齐次性原理确定。

例如，力(升力、阻力等)采用 ρ、v、L 作基本单位时，具有密度一次方、速度二次方和长度二次方的因次，即：

$$[F] = [\rho v^2 L^2] \tag{5-33}$$

或为：

$$F = \Pi_F \rho v^2 L^2 \tag{5-34}$$

式中 Π_F 为 F 的无量纲系数。

以上的结果可由量纲齐次性原理导出：

$$[F] = [\rho]^x[v]^y[L]^z \tag{5-35}$$

即：

$$[MLT^{-2}] = [ML^{-3}]^x[LT^{-1}]^y[L]^z \tag{5-36}$$

根据量纲齐次性原理，有：

$$\begin{cases} M: & 1 = x \\ L: & 1 = -3x + y + z \\ T: & -2 = -y \end{cases}$$

解出：$x=1$，$y=2$，$z=2$，因此式(5－33)和式(5－34)成立。

下面列出 F、p、ν、g、Δ 等量的量纲及相应的无量纲系数 Π，如表5－2所示。

表 5-2 特征量的量纲和无量纲系数(以[ρ]、[v]、[L]为基本量纲)

特征量	量纲	无量纲系数
密度 ρ	[ρ]	$\Pi_\rho = \frac{\rho}{\rho} = 1$
速度 v	[v]	$\Pi_v = \frac{v}{v} = 1$
长度 L	[L]	$\Pi_L = \frac{L}{L} = 1$
力 F	[$\rho v^2 L^2$]	$\Pi_F = \frac{F}{\rho v^2 L^2}$
压力 p	[ρv^2]	$\Pi_p = \frac{p}{\rho v^2}$
运动黏度 ν	[vL]	$\Pi_\nu = \frac{\nu}{vL} = \frac{1}{Re}$
重力加速度 g	[$v^2 L^{-1}$]	$\Pi_g = \frac{g}{v^2 L^{-1}} = \frac{gL}{v^2} = \frac{1}{Fr^2}$
物面粗糙度 Δ	[L]	$\Pi_\Delta = \frac{\Delta}{L}$

以上的 Π_ρ、Π_v、Π_L、Π_F、Π_p、Π_ν、Π_g、Π_Δ……分别表示这些物理量以 ρ、v 和 L 为基本量时的无量纲数值。如果有关物理量存在某一确定的函数关系：

$$f(\rho, v, L, F, p, \nu, g, \Delta, \cdots) = 0 \tag{5-37}$$

则这些无量纲数也必然有同样的函数关系，即：

$$f(\Pi_\rho, \Pi_v, \Pi_L, \Pi_F, \Pi_p, \Pi_\nu, \Pi_g, \Pi_\Delta, \cdots) = 0 \tag{5-38}$$

因为 $\Pi_\rho = 1$，$\Pi_v = 1$，$\Pi_L = 1$，式(5-38)简化为：

$$f(1, 1, 1, \Pi_F, \Pi_p, \Pi_\nu, \Pi_g, \Pi_\Delta, \cdots) = 0 \tag{5-39}$$

或为：

$$f(\Pi_F, \Pi_p, \Pi_\nu, \Pi_g, \Pi_\Delta, \cdots) = 0 \tag{5-40}$$

这就是量纲分析的白金汉(Buckingham)Π 定理。

Π 定理指出，式(5-37)表示 n 个有量纲物理量之间的关系，通过选择其中 3 个物理量作为基本量，并将各有量纲转化为相应的无量纲 Π 之后，则可转变为($n-3$)个无量纲 Π 之间的关系式，即式(5-40)。

(1)Π 定理使物理方程式的自变量减少了 3 个。把模型试验的结果总结成无纲量

数 Π 之间的关系的形式，不但减少了试验的次数，而且使试验总结出来的结果更加简明而适用。

以绕流或管流为例，设 ρ、v、L、ν 分别代表流体的密度、特征速度、特征长度（管径或物体长度）和运动黏性系数，则物体所受的阻力或管流的阻力 R 显然只依赖于 ρ、v、L、ν，即：

$$R = f(\rho, v, L, \nu) \tag{5-41}$$

可见阻力是 4 个参数的函数。如果用实验的方法求 R 和 ρ、v、L、ν 的关系，则必须对不同的 ρ、v、L、ν 进行大量的实验；如果应用相似律，由 Π 定理可知，阻力系数 C_R 实际上只是一个无量纲参数 $Re = \frac{vL}{\nu}$ 的函数，即：

$$C_R = f(Re) \tag{5-42}$$

由式(5-42)可知，如果不求阻力 R，而求阻力系数，则它只是雷诺数 Re 的一个参数的函数，也就是惯性力和黏性力之比（雷诺数）完全决定了阻力的大小。这个简单的结论对于实验研究具有非常大的指导意义。现在不必对不同的 ρ、v、L、ν 进行工作量极大的实验，而只需要选取一个管径的圆管，对一种流体，在不同流速下测出摩擦阻力就可以了。因为根据这些少数的实验结果就可以画出曲线 $C_R = f(Re)$。有此结果，对于任何一组其他的 ρ、v、L、ν 值都可以根据下式求出阻力 R：

$$R = \frac{1}{2}\rho v^2 f\left(\frac{vL}{\nu}\right) \tag{5-43}$$

通过相似律的应用可知理论研究在指导科学实验过程中的巨大威力。

(2) Π 定理推导中得出的特征物理量的无量纲数就包含了流动相似的一系列相似准则，如 Π_ν 就是 Re 相似准则，Π_g 就是 Fr 相似准则，Π_Δ 就是粗糙度相似准则等等。而这些相似准则，正是安排实验条件、整理试验数据和换算试验结果的依据。

下面举两个例子。

第一个例子：圆管中水流阻力引起的压力降 Δp 与流体密度 ρ、管内平均流速 v、管径 d、管长 L、流体的运动黏度 ν 以及管壁粗糙度 Δ 有关，因此可以写出以下函数关系式：

$$\Delta p = f(\rho, u, d, L, \nu, \Delta) \tag{5-44}$$

取 ρ、u、d 作为基本量（本例中 d 比 L 对管流阻力更具有代表性），则由前述的无量纲系数有：

$$\Pi_p = \frac{\Delta p}{\rho u^2},\ \Pi_\rho = \frac{\rho}{\rho} = 1,\ \Pi_u = \frac{u}{u} = 1,\ \Pi_d = \frac{d}{d} = 1,\ \Pi_L = \frac{L}{d},\ \Pi_\nu = \frac{\nu}{ud} = \frac{1}{Re},\ \Pi_\Delta = \frac{\Delta}{d}$$

根据式(5－40)可以写成无因次关系式：

$$\Pi_p = f(\Pi_L, \Pi_\nu, \Pi_\Delta) \tag{5-45}$$

或为：

$$\frac{\Delta p}{\rho u^2} = f\left(\frac{L}{d}, Re, \frac{\Delta}{d}\right) \tag{5-46}$$

习惯上用$\dfrac{\Delta p}{\frac{1}{2}\rho u^2}$代替$\dfrac{\Delta p}{\rho u^2}$，并考虑到管流的压降与管长成线性变化关系，有：

$$\frac{\Delta p}{\frac{1}{2}\rho u^2} = \lambda\left(Re, \frac{\Delta}{d}\right)\frac{L}{d} \tag{5-47}$$

或为：

$$\Delta p = \lambda\left(Re, \frac{\Delta}{d}\right)\frac{L}{d}\frac{1}{2}\rho u^2 \tag{5-48}$$

因此可得计算管路沿程阻力$h_f = \dfrac{\Delta p}{\rho g}$的公式：

$$h_f = \lambda\left(Re, \frac{\Delta}{d}\right)\frac{L}{d}\frac{u^2}{2g} \tag{5-49}$$

式(5－49)即为达西公式。在实验中找出沿程阻力系数λ和Re、$\dfrac{\Delta}{d}$之间的关系，因是准则方程式，故可用于不同的d、U、ν和Δ的实际管流沿程阻力计算。

第二个例子：当船舶作等速直线航行时，根据经验知道，影响船舶阻力R的因素有流体密度ρ、船舶航行速度v、船长L、流体的运动黏度ν、重力加速度g、船壳板壁面粗糙度Δ以及船的排水体积D等。因此可以写出以下函数关系式：

$$R = f(\rho, v, L, \nu, g, \Delta, D) \tag{5-50}$$

如取ρ、v、L为基本单位，写出有关物理量的无量纲数Π：

$$\Pi_R = \frac{R}{\rho v^2 L^2},\ \Pi_\nu = \frac{\nu}{vL} = \frac{1}{Re},\ \Pi_g = \frac{gL}{v^2} = \frac{1}{Fr^2},\ \Pi_\Delta = \frac{\Delta}{L},\ \Pi_D = \frac{D}{L^3} = \frac{1}{L^3/D} = \frac{1}{\psi^3}$$

式中，$\psi = L/\sqrt[3]{D}$为船舶的瘦削系数。根据Π定理，可将式(5－50)写成相应的无量纲关系式：

$$\Pi_R = f(\Pi_\nu, \Pi_g, \Pi_\Delta, \Pi_D) \tag{5-51}$$

或为：

$$\frac{R}{\rho v^2 L^2} = f\left(\frac{1}{Re},\frac{1}{Fr^2},\frac{\Delta}{L},\frac{1}{\psi^3}\right) \tag{5-52}$$

习惯上用$\dfrac{R}{\frac{1}{2}\rho v^2 S}$代替$\dfrac{R}{\rho v^2 L^2}$，$S$为特征面积，一般为船舶的浸湿面积，与$L^2$具有相同的量纲，则有：

$$\frac{R}{\frac{1}{2}\rho v^2 S} = C\left(Re, Fr, \frac{\Delta}{L}, \psi\right) \tag{5-53}$$

式中，$C\left(Re,\ Fr,\ \dfrac{\Delta}{L},\ \psi\right)$为船舶的总阻力系数。为了使船模试验与实船流动达到动力相似，必须使两者的Re、Fr相同。

以下的进一步分析表明，要同时满足雷诺相似和弗劳德相似是不可能的。

(1)雷诺相似要求$\dfrac{v'L'}{\nu'}=\dfrac{v''L''}{\nu''}$，即$v''=\dfrac{L'}{L''}\dfrac{\nu''}{\nu'}v'$。如果船模和实船都在水中运动，则有$\nu'=\nu''$，故可得$v''=\dfrac{L'}{L''}v'=C_L v'$。若$C_L=100$，则$v''=100v'$，如$v'=4$ m/s（相当于实船速度14.4 km/h），则要求船模速度$v''=400$ m/s，这个速度已经超过了声音的传播速度。由于船池长度和拖车最大速度的限制，在船模试验中单项满足雷诺相似往往是难以实现的。

(2)弗劳德数相似要求$\dfrac{v'}{\sqrt{g'L'}}=\dfrac{v''}{\sqrt{g''L''}}$，即$v''=\sqrt{\dfrac{g''}{g'}}\sqrt{\dfrac{L''}{L'}}v'$。由于$g'=g''$，故可得：

$$v'' = \sqrt{\frac{L''}{L'}}v' = \frac{v'}{\sqrt{C_L}}$$

若$C_L=100$，则$v''=\dfrac{v'}{10}$。当$v'=4$ m/s时，有$v''=0.4$ m/s，这在船模试验池中是不难实现的。

(3)若要求同时满足Re和Fr相似，则有$v''=\dfrac{L'}{L''}\dfrac{\nu''}{\nu'}v'=\sqrt{\dfrac{g''}{g'}}\sqrt{\dfrac{L''}{L'}}v'$，使得：

$$\left(\frac{L'}{L''}\right)^{\frac{3}{2}} = \sqrt{\frac{g''}{g'}}\frac{\nu'}{\nu''}$$

当$\dfrac{L'}{L''}=100$时，有$\left(\dfrac{L'}{L''}\right)^{\frac{3}{2}}=1000$。因为在通常实验环境条件下有$g'=g''$，$\nu'=\nu''$，要它

们相乘等于1000，这是不可能的，必须放弃其中一个相似准则而谋求部分相似。目前的做法是假定可将船舶总阻力分解成摩擦阻力 R_f、形状阻力 R_Φ 和兴波阻力 R_w 三部分，而且形状阻力 R_Φ 又可通过引入形状因子 K 而将其并入摩擦阻力 R_f 之中，它们只与 Re 有关，而兴波阻力只与 Fr 有关。这样就把总阻力分解成彼此无关的两部分，即：

$$R' = R'_f + R'_\Phi + R'_w = R'_f(1+K) + R'_w \tag{5-54}$$

或为：

$$C' = C'_f(1+K) + C'_w \tag{5-55}$$

式中，$C'_f = f_1(Re)$，$C'_w = f_2(Fr)$。

要做到完全力学相似很困难，实验均采用近似模型法。如船模试验中只保持船模和实船的 Fr 相同，而放弃 Re 相等的要求。但仍应采取措施（如适当加大船模尺度）使船模和实船的 Re 尽可能地接近以减少尺度效应。另外，为使船模和实船边界层内流动为同一状态，通常还要在船模首部适当的地方装激流丝以促使流动由层流到湍流的转变。

根据以上分析，可将水面船舶的阻力试验和换算方法概括如下：

（1）确定船模的缩尺比 $C_L = L'/L''$，据此制作与实船几何相似的船模。

（2）根据 Fr 相似确定船模相当速度 $v'' = v'/\sqrt{C_L}$，测定船模在这一速度下的总阻力 R''。

（3）计算船模相当平板在这一速度 v'' 下的摩擦阻力 R''_f，选择形状因子 K，然后按 $R''_w = R'' - (1+K)R''_f$ 计算船模兴波阻力。

（4）因试验中满足了 Fr 相似准则，故船模和实船的兴波阻力系数相等，即：

$$C'_w = C''_w,\ \frac{R'_w}{\frac{1}{2}\rho' v'^2 L'^2} = \frac{R''_w}{\frac{1}{2}\rho'' v''^2 L''^2} \tag{5-56}$$

由此确定实船的兴波阻力为：

$$R'_w = \frac{\rho' v'^2 L'^2}{\rho'' v''^2 L''^2} R''_w = C_L^3 R''_w \tag{5-57}$$

（5）计算实船相当平板的摩擦阻力 R'_f，最后按：

$$R' = R'_f(1+K) + R'_w \tag{5-58}$$

计算出实船总阻力。

习 题

5-1 两流动相似的条件是什么？其物理意义分别是什么？

5-2 解释下列相似准数的物理意义：雷诺数 Re、弗劳德数 Fr、欧拉数 Eu、马赫数 Ma。

5-3 何为量纲一致原理？何为量纲分析法，有何用处？

5-4 在研究流体力学的一般问题中，通常要考虑哪几个相似准则数？为什么？

5-5 储水箱模型内盛满水，打开水门排完需要4 min，若模型与实物的缩尺比为1/225，排完实物内的储水需要多少时间？

5-6 油船长60 m，吃水面积为400 m^2，船速为6 m/s，现用模型在水中进行试验，模型吃水面积为1 m^2，若只计重力影响，求模型长度及船速。

5-7 有一缩尺比为1/6的汽车模型在风洞中做阻力试验，汽车原型速度为60 km/h，风洞试验中测得汽车模型的阻力为510 N，试求原型的阻力(假定模型和原型中空气密度和黏度都相同)。

5-8 有一轿车在公路上行驶，设计时速 $v=108$ km/h，拟在长度比尺 $C_l=2/3$ 的风洞中进行模型实验，若风洞实验段内气流的温度与轿车在公路上行驶时的温度相同，试求风洞试验段内的气流速度应该安排多大？

5-9 已知一轿车高为 $h=1.5$ m，速度 $v=108$ km/h，试用模型实验求出其迎面空气阻力 F(已知风洞内风速为 $v_m=45$ m/s，测得模型轿车的迎面空气阻力 $F_m=1500$ N)。

5-10 固体颗粒在液体中等速沉降的速度 v 与固体颗粒的直径 d、密度 ρ' 及液体的密度 ρ、动力黏度 μ、重力加速度 g 有关，试用 Π 定理建立沉降速度公式的基本形式。

5-11 在一定的速度范围内，垂直于来流的圆柱体后面会产生交替的旋涡，引起垂直于来流方向的交变力，产生旋涡的频率 f 与来流速度 U、流体密度 ρ、动力黏度 μ 以及圆柱直径 d 等因素有关，试用量纲分析法导出频率 f 的无量纲函数关系式。

5-12 有一海船长150 m，设计航速25 km/h，船模缩尺比为1∶30，若在水池中做实验，试就下列两种情况分别确定模型试验时的船速：

(1)仅研究兴波阻力时。

(2)仅研究黏性阻力时。

5－13　已知一元层流流动中的黏性切应力τ与黏性系数μ、角变形速度du/dy有关，试通过量纲推理决定牛顿内摩擦定律的形式。

5－14　气流在圆管流动的压降拟通过水流在有机玻璃管中实验得到，已知圆管中气流$v_p=20\ m/s$，$d_p=0.5\ m$，$\rho_p=1.2\ kg/m^3$，$\nu_p=15\times10^{-6}m^2/s$，模型采用$d_m=0.1m$，$\rho_m=1000\ kg/m^3$，$\nu_m=1\times10^{-6}m^2/s$，试确定：

(1)模型流动中的水流速度v_m。

(2)若测得模型管流中2 m长管流的压降$\Delta p_m=2.5\ kN/m^2$，问气流通过20m长管道的压降Δp_p有多大？

5－15　不可压缩黏性流体在水平圆管内流动，根据实验可知，压强损失Δp与管径d、管长l、管壁粗糙度Δ、断面平均流速v、流体的动力黏度μ和管内流体密度ρ有关，试用Π定理导出其Δp的表达式。

5－16　比例为1/80的模型飞机，在运动黏度为$\nu_m=1.5\times10^{-5}\ m^2/s$的空气中做实验，模型速度为$v_m=45\ m/s$，试求：

(1)该模型飞机在运动黏度为$\nu_w=1.0\times10^{-6}\ m^2/s$的水中做实验来确定其阻力时，模型速度应为多大？

(2)模型飞机在水中的形状阻力为5.6N时，原型飞机在空气中的形状阻力为多少？

6 汽车空气动力学基础及应用

6.1 气体动力学基础

气体动力学是流体力学中的一个独立分支。气体具有易压缩的显著特点，但是气流速度小于100 m/s时气体的可压缩性并不明显，其影响可以忽略，气体密度可假定不变；当气流速度大于100 m/s时，由摩擦生成的热必然引起气体的热状态变化，气体的可压缩性明显增加。因此在液体运动状态主要研究参数压强 p 和流速 u 的基础上，气体运动状态的研究参数还包括密度 ρ 和绝对温度 T。当气体的流动速度提升到一定程度时，气体密度不变的假定就会带来可观测的误差，此时就必须考虑气体的可压缩性对于流动的影响。气体密度的变化带来了一系列新的因素，因此高速气体的流动就变得更为复杂。由于必须考虑气体的可压缩性，因此高速气体流动又称为可压缩流动。

气体的一元流动只研究过流断面上气体流动参数平均值的变化规律，而不研究气体流场的空间变化情况，虽然简单，但很实用。除了航天航空领域外，许多技术领域中的问题，如发动机的进排气、气动控制元件、风动工具、燃气轮和涡轮减压器等都可简化为一元流动问题求得一些实用的结果。

本节主要介绍一元气体流动的相关概念、方程与基本特性，并讨论变截面管中的流动规律。

6.1.1 声速和马赫数

当气流速度比较大时，气体的可压缩性明显增加，气体压缩性对流动性能的影响，主要由气流速度接近声速的程度来决定，这就涉及声速和马赫数两个概念。

1. 声速

声速是指微小扰动在介质中的传播速度。例如人说话声带的振动使得空气的压强、密度等参数发生了微弱的变化，这种状态变化在空气中形成一种不平衡的扰动，扰动又以波的形式迅速外传，其传播速度就是声速。以下的简单推导可以建立气体声速和物性之间的关系。

考察处于一定压力 p 下、具有一定密度 ρ 的、在截面积为 A 的刚性管道中的静止气体，设想在管道一端有一个活塞，这个活塞以微小速度 $\mathrm{d}u$ 突然向右运动，这个微小运动在气体中产生一个以速度 c 向右传播的压缩波，如图 6－1 所示。

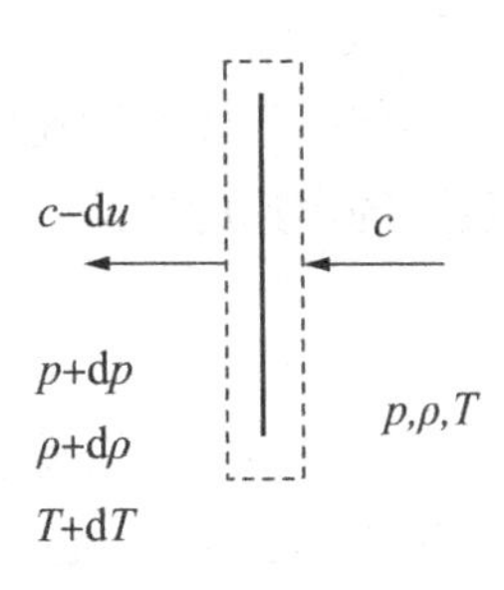

图 6－1　声音传播过程

由图 6－1 可知，在声波尚未到达的波前，气体仍然保持静止，其参数也都没有变化，而在声波经过的波后，压力和密度都有微小提升。对于一个乘波而行的观察者来说，流速为 c、压力为 p、密度为 ρ 的气体向他不断涌流过来，经过他所在的波阵面之后，又变成压力为 $p+\mathrm{d}p$、密度为 $\rho+\mathrm{d}\rho$ 的气体以速度为 $c-\mathrm{d}u$ 离他而去。因此可以建立包含这个观察者所在的波阵面的薄层控制容积，对其中的气体运用质量守恒定律和动量守恒定律，分别如下：

质量守恒定律：

$$\rho Ac = (\rho + \mathrm{d}\rho)A(c - \mathrm{d}u) \tag{6-1}$$

忽略微元二次项，整理可得：

$$\rho \mathrm{d}u = c\mathrm{d}\rho \tag{6-2}$$

动量守恒定律：

$$pA - (p + \mathrm{d}p)A = \rho Ac[(c - \mathrm{d}u) - c] \tag{6-3}$$

整理得：

$$\mathrm{d}p = c\rho \mathrm{d}u \tag{6-4}$$

合并两个方程，可以得到声速的表达式：

$$c^2 = \frac{\mathrm{d}p}{\mathrm{d}\rho} \tag{6-5}$$

鉴于声波在传递的过程中速度极快，热量来不及传递出去，同时气体的摩擦可以忽略不计，这个过程可以认为是等熵过程，这样就得到了声速的定义式：

$$c^2 = \left(\frac{\partial p}{\partial \rho}\right)_s$$

由等熵过程压力和密度之间关系可以作如下推导：

$$\left(\frac{\partial p}{\partial \rho}\right)_s = Ck\rho^{k-1} = h_{\mathrm{f}} = Ck\frac{\rho^k}{\rho} = k\frac{p}{\rho} = kRT \tag{6-6}$$

因此气体的声速可以由下面关系式求得：

$$c = \sqrt{kRT} = \sqrt{k\frac{p}{\rho}} \tag{6-7}$$

2. 马赫数

为判断气体流动速度接近声速的程度，引入了马赫数的概念，即气流速度和当地温度下的声速的比值：

$$Ma = \frac{u}{c} \tag{6-8}$$

通常按照气流马赫数的大小将气体流动划分为如下几个区域：①不可压缩流动，即马赫数小于0.3，必要时应该作压缩性修正；②亚声速流动，即马赫数0.3～0.7，必须考虑压缩性；③跨声速流动，即马赫数0.7～1.3，必须考虑压缩性和激波的影响；④超声速流动，即马赫数1.3～5.0，必须考虑压缩性和激波的影响；⑤高超声速流动，即马赫数在5.0以上，连续介质模型通常不再适用。

马赫数对小扰动的传播特性的影响如下：

(1) $Ma=0$，扰动源不动，小扰动产生的压缩波沿各个方向以声速传播，其波面为同心圆球面，随着时间的推移，扰动波将传递到整个观察的流场空间，如图6-2a所示。

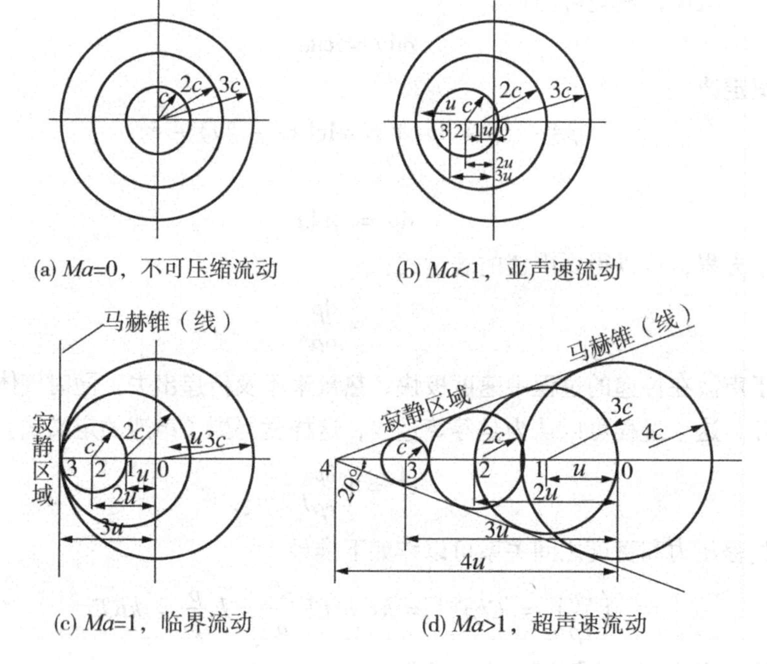

图6-2 弱扰动在空间中的传播

(2) $Ma<1$，扰动源的速度小于声速，扰动源产生的球面波一方面向三维空间以声速 c 传播，一方面以气流速度 u 被带往下游，因此向上游传播的速度为 $c-u$，而向下游传播的速度为 $c+u$。但是随着时间推移，扰动波也会传递到整个观察的流场空间，如图 6－2b 所示。

(3) $Ma=1$，扰动源速度等于声速，很显然，扰动波无法向上游传递，因此整个空间被分为两个部分，上游为非扰动区，又称为寂静区，下游为扰动区，如图 6－2c 所示。

(4) $Ma>1$，扰动源速度大于声速，扰动区和寂静区的分界面是以扰动源为顶点的圆锥面，包含一个马赫锥，气流速度与马赫锥母线之间的夹角称为马赫角，有：

$$\sin\theta = \frac{c}{u} = \frac{1}{Ma} \tag{6-9}$$

马赫角的正弦值等于声速和气流速度的比值，也就是马赫数的倒数，如图 6－2d 所示。

【例 6－1】 若飞机在海平面（$t=20℃$）和同温层（$t=-55℃$）以相同的速度飞行，试确定两种情况下马赫数的关系。

解：由声速方程得：

$$C_1 = \sqrt{kRT_1} = \sqrt{1.4\times287\times(273+20)}\ \text{m/s} = 343\ \text{m/s}$$

$$C_2 = \sqrt{kRT_2} = \sqrt{1.4\times287\times(273-55)}\ \text{m/s} = 296\ \text{m/s}$$

$$\frac{Ma_2-Ma_1}{Ma_1}\times100\% = \frac{\dfrac{u}{C_2}-\dfrac{u}{C_1}}{\dfrac{u}{C_1}\times100\%}\times100\% = \frac{C_1-C_2}{C_2}\times100\% = \frac{343-296}{296}\times100\% = 15.9\%$$

即在同温层与海面飞行的马赫数相比增加了 15.9%。

6.1.2　一元可压缩气流的基本方程式

1. 气体状态方程

可压缩的理想气体的状态方程为：

$$pv = \frac{p}{\rho} = RT \tag{6-10}$$

式（6－10）中的密度不再是一个常数，而是随压力和温度变化的函数。

由于黏性的存在，虽然实际的气体流动过程都是不可逆的，但是当黏性损失相对而言可以忽略不计时，例如绝热的收缩喷管，将流动过程近似为可逆的处理是允许的。此时，气体的参数满足：

$$pv^k = \frac{p}{\rho^k} = \text{constant} \tag{6-11}$$

2. 连续方程

一维稳态可压缩气体的流动连续方程可以表述如下：

$$\rho VA = \text{constant}$$

或者表达成微分形式：

$$\frac{d\rho}{\rho} + \frac{du}{u} + \frac{dA}{A} = 0 \tag{6-12}$$

3. 动量方程

由于气体密度很小，忽略质量力，一维可压缩气流的欧拉方程可写成：

$$-\frac{dp}{\rho dx} = u\frac{du}{dx} \tag{6-13}$$

4. 能量方程

式(6－13)沿流线积分得：

$$\int \frac{dp}{\rho} + \frac{u^2}{2} = C$$

对于完全气体的等熵流动，由$\frac{p}{\rho^k} = C$得：

$$\int \frac{dp}{\rho} = C^{1/k}\int p^{-1/k}dp = \frac{k}{k-1}\frac{p}{\rho} \tag{6-14}$$

于是有：

$$\frac{k}{k-1}\frac{p}{\rho} + \frac{u^2}{2} = C$$

即：

$$\frac{k}{k-1}\frac{p}{\rho} = \frac{1}{k-1}\frac{p}{\rho} + \frac{p}{\rho}$$

由热力学知，定压比热$C_p = \frac{k}{k-1}R$，定容比热$C_v = \frac{1}{k-1}R$，则：

$$c_p - c_v = R,\ k = \frac{c_p}{c_v}$$

焓$h = C_pT$，内能$e = C_vT$，得：

$$e + \frac{p}{\rho} + \frac{u^2}{2} = C$$

即：

$$h + \frac{u^2}{2} = C \tag{6-15}$$

式(6－15)即为可压缩气体的伯努利方程。

6.1.3 一元可压缩气流基本特性

1. 滞止状态与滞止参数

设想理想气体从一只储气罐中等熵流出，储气罐内部气流即为滞止状态，对应的滞止参数分别为焓 h_0、温度 T_0，设出口参数分别为焓 h、压力 p、密度 ρ、温度 T、速度 u、马赫数 Ma，则有如下关系：

$$h_0 = h + \frac{u^2}{2} \tag{6-16}$$

即：

$$c_p T_0 = c_p T + \frac{u^2}{2} \tag{6-17}$$

整理得：

$$T_0 = T + \frac{k-1}{k}\frac{u^2}{R} \tag{6-18}$$

$$\frac{T_0}{T} = 1 + \frac{k-1}{2}Ma^2 \tag{6-19}$$

根据等熵关系可以推导出滞止压力和滞止密度的表达式：

$$\frac{p_0}{p} = \left(\frac{T_0}{T}\right)^{\frac{k}{k-1}} = \left(1 + \frac{k-1}{2}Ma^2\right)^{\frac{k}{k-1}} \tag{6-20}$$

$$\frac{\rho_0}{\rho} = \left(\frac{T_0}{T}\right)^{\frac{1}{k-1}} = \left(1 + \frac{k-1}{2}Ma^2\right)^{\frac{1}{k-1}} \tag{6-21}$$

由这些关系，借助二项式展开，可以得到马赫数对气体密度变化的影响：

$$\frac{\Delta\rho}{\rho_0} = \frac{\rho_0 - \rho}{\rho_0} = 1 - \left(1 + \frac{k-1}{2}Ma^2\right)^{-\frac{1}{k-1}} = \frac{Ma^2}{2} - \frac{k}{8}Ma^4 + \frac{k(2k-1)}{48}Ma^6 \cdots \tag{6-22}$$

国内大多数高速公路行驶的汽车限速为 120 km/h，即马赫数约为 0.1，这时气体密度变化接近滞止参数的 1%，因此对于工程计算，完全可以忽略密度的变化，而采取不可压缩假设，使问题简化。但是当马赫数为 0.3 时，气体密度变化接近滞止参数的 5%，在工程应用中应该考虑到气体压缩性的影响。

同样借助二项式展开，可以得到马赫数对于气体压力变化的影响：

$$p_0 = p\left(1 + \frac{k-1}{2}Ma^2\right)^{\frac{k}{k-1}}$$
$$= p\left(1 + \frac{k}{2}Ma^2 + \frac{k}{8}Ma^4 + \frac{k(2-k)}{48}Ma^6 + \cdots\right)$$
$$= p + \frac{1}{2}kpMa^2\left(1 + \frac{Ma^2}{4} + \frac{(2-k)Ma^4}{24} + \cdots\right) \quad (6-23)$$

由于存在：

$$\frac{1}{2}kpMa^2 = \frac{1}{2}kp\frac{u^2}{kRT} = \frac{1}{2}\rho u^2$$

所以可得：

$$\frac{p_0 - p}{\frac{1}{2}\rho u^2} = 1 + \frac{Ma^2}{4} + \frac{(2-k)Ma^4}{24} + \cdots \quad (6-24)$$

从式(6－24)中可以看到，马赫数小时高次方可忽略不计。

2. 临界状态与临界参数

根据上面的关系，当流速正好等于当地声速，即 $Ma=1$ 时的状态称为临界状态，对应的气流参数称为临界参数，一般用上标“ * ”表示，则滞止参数与临界参数的比值分别为：

$$\frac{T_0}{T^*} = 1 + \frac{k-1}{2}Ma^2 = \frac{k+1}{2} \quad (6-25)$$

$$\frac{p_0}{p^*} = \left(\frac{T_0}{T^*}\right)^{\frac{k}{k-1}} = \left(\frac{k+1}{2}\right)^{\frac{k}{k-1}} \quad (6-26)$$

$$\frac{\rho_0}{\rho^*} = \left(\frac{T_0}{T^*}\right)^{\frac{1}{k-1}} = \left(\frac{k+1}{2}\right)^{\frac{1}{k-1}} \quad (6-27)$$

由上可知，临界状态参数完全由滞止状态参数和气体的物理性质所决定。对于空气，$k=1.4$ 时，有：$T^*=0.833T_0$，$p^*=0.528p_0$，$\rho^*=0.634\rho_0$。

6.1.4 最大速度状态

当气体的全部能量转变成动能，对应的速度为最大速度，即最大速度状态，则有：

$$\frac{u_{max}^2}{2} = \frac{k}{k-1}RT + \frac{u^2}{2} = \frac{k}{k-1}RT_0 \quad (6-28)$$

由此得最大速度：

$$u_{max} = \sqrt{\frac{2k}{k-1}\frac{p_0}{\rho_0}} = \sqrt{\frac{2kRT_0}{k-1}} = c_0\sqrt{\frac{2}{k-1}} \qquad (6-29)$$

对于空气，$k=1.4$，则有：

$$u_{max} = \sqrt{\frac{2}{1.4-1}}c_0 = \sqrt{5}c_0 \qquad (6-30)$$

式中，$c_0=\sqrt{kRT_0}$为滞止声速。而真正达到u_{max}是不可能的，因为这相当于气体流入绝对真空，即$h=0$，$T=0$，$p=0$。

6.1.5 变截面管中的气体流动参数与截面面积的关系

对于一维可压缩气体流动，它的连续方程为：

$$\frac{d\rho}{\rho} + \frac{du}{u} + \frac{dA}{A} = 0 \qquad (6-31)$$

同时，它的微分形式的动量方程，即欧拉方程为：

$$\frac{dp}{\rho} + udu = 0 \qquad (6-32)$$

考虑等熵流动，则有：

$$dp = c^2 d\rho \qquad (6-33)$$

于是，由欧拉方程可以得到：

$$c^2\frac{d\rho}{\rho} + udu = 0 \qquad (6-34)$$

同连续方程联立，消去密度项，可得：

$$c^2\frac{du}{u} - udu + c^2\frac{dA}{A} = 0 \qquad (6-35)$$

整理可得：

$$(c^2 - u^2)\frac{du}{u} + c^2\frac{dA}{A} = 0 \qquad (6-36)$$

将方程两边同时除以声速的平方，再带入马赫数的定义式，最终得到：

$$(1 - Ma^2)\frac{du}{u} + \frac{dA}{A} = 0 \qquad (6-37)$$

即：

$$\frac{du}{u} = \frac{1}{Ma^2-1}\frac{dA}{A} \qquad (6-38)$$

从式(6－38)可知：

$$Ma < 1, \begin{cases} dA > 0, dv < 0 \\ dA < 0, dv > 0 \end{cases}$$

$$Ma > 1, \begin{cases} dA > 0, dv > 0 \\ dA < 0, dv < 0 \end{cases}$$

$$Ma = 1, \frac{dA}{A} = 0$$

(1)对于亚声速流动($Ma<1$)，当管道收缩时，流动速度增加；当管道扩张时，流动速度降低，这与大家熟悉的低速不可压缩流动现象是一致的。

(2)而对于超声速流动($Ma>1$)，当管道收缩时，流速减小；当管道扩张时，流速增加，这与长期处于不可压缩流动环境中形成的印象恰好相反。原因是亚声速时密度变化较速度变化慢，而超声速时流速变化比密度变化慢，因此要想增加流速，亚声速时截面积应缩小，超声速时截面积应增大。

(3)流动的 $Ma=1$ 的情形只能发生在管道截面积变化率为 0 的位置，即管道的喉部。

上述关系式也表明，如果希望获得超过声速的流动，那么首先要通过一段收缩管道来加速到声速，然后再通过一段扩张管道来加速到超声速，这样的管道称为缩放喷管，也称为拉瓦尔喷管。

6.2 汽车空气动力学基础及其应用

汽车空气动力学是流体力学的一个重要分支。不同外形的汽车周围的流场不同，受到的气动六个分力不同，表现出不同的阻力、侧风稳定性、气动噪声、泥土附着和上卷、刮水器上浮、发动机冷却、驾驶室通风和空气调节等特性。下面主要介绍汽车行驶过程中的气动力与力矩、汽车热管理系统和汽车风洞实验等内容。

6.2.1 汽车气动力与力矩

6.2.1.1 气动力对汽车性能的影响

设计出空气动力特性良好的汽车，是提高汽车动力性和经济性的重要途径。下面分别讨论气动力特性对动力性、操纵稳定性和经济性的影响。

1. 气动力特性对动力性的影响

汽车动力性的主要评价指标是最高车速、加速时间和最大爬坡度。

(1)最高车速的影响：行驶在路面上的汽车阻力一般包括滚动阻力、气动阻力，如果路面有坡度，还包括爬坡阻力，加速时还存在加速阻力。在良好水平路面上汽车采用直接挡或超速挡时所能达到的最高速度称为最高车速，这时没有加速阻力，也不存在爬坡阻力，汽车的牵引力只需要克服滚动阻力和气动阻力。在最大牵引力 F_{max} 和重力 G 一定的情况下，汽车的最高车速不仅与气动阻力密切相关，且与气动升力也有很大的关系。减小气动阻力系数 C_D 或者增大气动升力系数 C_L 均可以提高最高车速。但是，气动升力系数的提高会降低轮胎与路面之间的附着力，直接影响汽车的操纵稳定性和行驶安全性，所以，一般不采用增大气动升力系数的办法来提高最高车速。

(2)加速时间的影响：普通汽车的加速性能与赛车和跑车的加速性能一样重要，加速性能与汽车的行驶安全直接相关，加速时间越短，加速性能就越好。汽车的加速度首先取决于发动机的加速特性；其次，加速度还与气动阻力系数 C_D 和汽车的自重有关，即气动阻力减小，汽车的加速度增加，同时汽车的自重减轻也有利于汽车加速度的提高。需要指出的是，汽车的加速能力还与汽车的行驶速度有关，汽车从静止开始行驶时，加速度值可能较大，当达到最大速度时，加速度值就减小为0，这是因为气动阻力的增加导致了加速能力的降低。

(3)最大爬坡度的影响：最大爬坡性能直接反映了汽车的通过能力，最大爬坡度越大，汽车的通过能力和越野性能越好。汽车在行驶过程中，总的驱动力与总的阻力应该保持平衡，最大爬坡度不仅与汽车的质量、速度、车轮的滚动摩擦系数有关，而且与气动阻力和气动升力有关，气动阻力越大，最大爬坡度越小。

2. 气动力对操纵稳定性的影响

这里主要考虑侧倾力矩、侧向力和横摆力矩、气动升力和纵倾力矩对操纵稳定性的影响。

(1)侧倾力矩的影响：由于车身周围气流的影响，产生了使汽车绕 x 轴转向的侧倾力矩，导致汽车左右车轮载荷发生变化，使一侧车轮载荷增加，另一侧车轮载荷减小，影响汽车的操纵稳定性。侧倾力矩主要由车身的侧面形状决定，一般情况下，侧面流线形较好的汽车，侧倾力矩相应较小。

(2)侧向力和横摆力矩的影响：如果汽车受到横风的侧向力作用，侧向力的作用点与汽车的重心重合，汽车将保持直线行驶状态，但相对原来的行驶方向会产生一定的偏转角度；如果侧向力的作用点与汽车的重心不重合，对汽车就会产生绕 z 轴旋转的横摆力矩，作用点在重心之前，汽车将随着风的方向发生偏转，造成稳定性恶化。要提高汽车行驶的方向稳定性，不仅要降低侧向力，而且应该使其作用点向车身后方移动。

(3)气动升力和纵倾力矩的影响：由于汽车车身上下部气流速度的不同，导致上下部静压的不同，从而产生了气动升力及绕 y 轴旋转的纵倾力矩。气动升力及纵倾力矩的存在会降低车轮的附着力，影响汽车的驱动力和操纵稳定性，特别是重心靠后的汽车，对前轮的气动升力特别敏感。由于气动升力随着车速的平方而增加，气动升力有时可以达到几千牛，这样会导致汽车发飘，汽车因前轮附着力骤减而失去控制。纵倾力矩会导致前后车轮的载荷发生变化，使前轮失去转向力，使后轮失去附着力，影响汽车的操纵稳定性。

3. 气动阻力对经济性的影响

气动力对经济性的影响，与汽车的种类、行驶道路的工况和使用情况等因素密切相关，因为各种汽车气动阻力的大小是各不相同的。汽车在路面上行驶时的气动阻力要由驱动力来克服，消耗克服气动阻力的功率与速度的三次方成正比，汽车的速度越高，消耗气动阻力的功率越大。

6.2.1.2　气动力与力矩计算

1. 气动力和力矩的产生

汽车在路面上行驶受到空气的作用，即气动力。气动力在汽车上的作用点被称为风压中心。大量的研究和试验证明，气动力与车速的平方、汽车的正投影面积以及取决于车身形状的无量纲系数成正比，表达式为：

$$F = qAC_F = \frac{1}{2}\rho u_\infty^2 AC_F \qquad (6-39)$$

式中，F 为气动力；q 为气流动压；ρ 为空气密度；u_∞ 为汽车与空气的相对速度，也称为来流速度，$u_\infty = \sqrt{u_x^2 + u_y^2}$，$u_x$ 和 u_y 为纵向气流和侧向气流相对于汽车的速度；C_F 为气动力系数；A 为汽车迎风面积。汽车迎风面积 A，包括车身、轮胎以及底盘等零部件的前视投影，如图 6－3 所示。将汽车放置在平行光源与屏幕之间，投射在屏幕上汽车的正投影面积即为迎风面积。

除了要考虑气动力以外，还要考虑惯性力、摩擦力和重力等。为了方便分析，需要将这些力等效到汽车的重心上，根据力学原理，平移后的力除了大小和方向保持不变外，还会附加产生一个力矩。因此，将气动力从风压中心平移到重心后，就会产生附加的气动力矩。

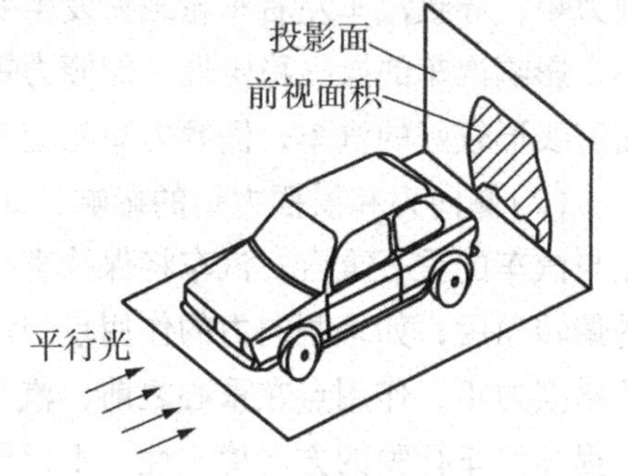

图 6－3　汽车迎风面积

2. 气动力和力矩的计算

将气动力作用点平移到汽车的重心位置，并沿着车身坐标轴 x、y、z 的 3 个方向进行分解，可以表示气动 6 个分力，即气动阻力、侧向力和气动升力 3 个力以及侧倾力矩、纵倾力矩和横摆力矩 3 个力矩，计算公式分别如下：

阻止汽车前进的气动阻力(aerodynamic drag)：

$$D = \frac{1}{2}\rho u_{\infty}^{2} A C_{D} \tag{6-40}$$

水平方向上的侧向力(side force)：

$$S = \frac{1}{2}\rho u_{\infty}^{2} A C_{S} \tag{6-41}$$

垂直方向上的气动升力(aerodynamic lift)：

$$L = \frac{1}{2}\rho u_{\infty}^{2} A C_{L} \tag{6-42}$$

绕 x 轴旋转的侧倾力矩(roll moment)：

$$M_{\mathrm{R}} = \frac{1}{2}\rho u_{\infty}^{2} A C_{RM} a \tag{6-43}$$

绕 y 轴旋转的纵倾力矩(pitch moment)：

$$M_{\mathrm{P}} = \frac{1}{2}\rho u A C_{PM} a \tag{6-44}$$

绕 z 轴旋转的横摆力矩(yaw moment)：

$$M_{\mathrm{Y}} = \frac{1}{2}\rho u_{\infty}^{2} A C_{YM} a \tag{6-45}$$

式中，C_{D} 为气动阻力系数；C_{S} 为侧向力系数；C_{L} 为气动升力系数；a 为特征长度，一般指汽车的轴距；C_{RM} 为侧倾力矩系数；C_{PM} 为纵倾力矩系数；C_{YM} 为横摆力矩系数。

6.2.2 汽车流场与气动阻力特性

6.2.2.1 汽车流场特点与分类

1. 汽车空气动力学特点

汽车空气动力学特性包括良好的气动造型、高性能的运动特性、各种作用力的平衡以及确保横向稳定性等方面，汽车空气动力学主要具有以下几方面特点：①汽车的速度一般在亚声速范围内；②一般要求汽车阻力越小越好，升力也是越小越好，甚至希望出现负升力；③汽车近似于钝头体，长宽比一般为 2 ～ 4；④汽车周围的气流分离区和涡流区较多；⑤路面上行驶的汽车都要受到地面效应的影响；⑥气动力影响汽车的操纵性能，需要驾驶员的修正动作来保持行驶稳定性。

2. 汽车流场分类

汽车流场如图 6－4 所示，包括外部流场、动力舱与车室的内部流场和内外部耦合流场。

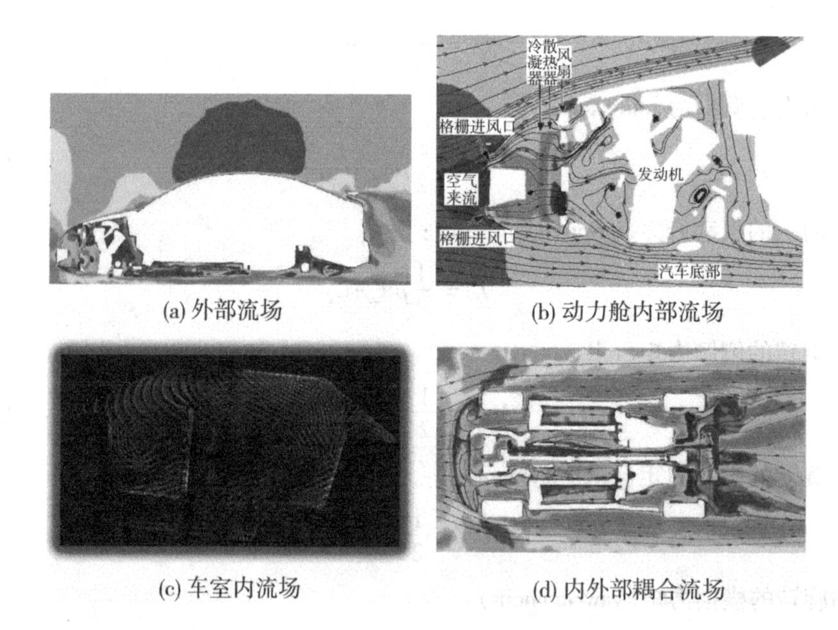

(a) 外部流场　(b) 动力舱内部流场

(c) 车室内流场　(d) 内外部耦合流场

图 6－4　汽车流场

(1)外部流场：对汽车外部流场分析可以获得气动力和力矩特性，从图 6－4a 可以看出，气流在车顶后缘处发生分离，形成一个很大的滞止区，同时车身尾部的气流发生分离。从图 6－4a 中还可以看出，流线之间不是等间距的，各个流线之间间距的差异，表明了升力的来源。

如果有侧风存在，则汽车的外部流场就不是对称的，汽车的形状应使干扰力和力矩保持在不影响操纵稳定性的范围内。当侧风的风力和方向发生改变时，若要求驾驶员随时作出调整，会造成诸多不便，甚至在一些极端情况下，会造成丧失操纵的危险，因此，要通过良好的空气动力学设计来避免上述情况的发生。然而，驾驶员在突然遭遇侧风的情况下作出正确的反应，道路和周围环境的设计，也是不可以忽视的重要问题。

根据对车身尾部气流流态的分析，可以研究汽车尾部的泥土附着问题，灰尘和脏水被车轮卷起后，黏在汽车的尾部，由于汽车的尾部流态对气动阻力有显著的影响，因此，不能孤立地考虑泥土附着问题。通过格栅进入发动机舱的气流决定了发动机的冷却效果，而冷却气流的进口位置设置则必须考虑滞点的位置；散热器面罩的设计，应该把冷却气流导向散热器，同时，尽可能减小冷却系统的压力损失；驾驶室通风口的位置设置也与汽车的外部气流流态有密切关系，冷却气流的出口必须设置在与环境压力相同的地方，包括清洁风窗降低风噪、防止刮水器上浮、制动器冷却等。

汽车的内部流场主要是指通过散热器和发动机舱的气流和穿过驾驶室的气流。汽车的内部流场导致了汽车的内流阻力，下面对这两种情况分别进行研究。

(2)动力舱内流场：发动机冷却系统的作用是散发掉发动机产生的热量，使发动机在适宜的温度条件下工作。随着汽车技术的发展，发动机的功率越来越大，需要更大量的冷却空气，同时，由于造型与空气动力学的需要，汽车的前端变得越来越低矮，从而使进气口变小。由于汽车紧凑设计的需要，留给发动机舱内散热器和冷却气流导管的空间也越来越小，气流还受到前端保险杠的阻碍等，这些都是发动机冷却系统设计面临的新课题。

为了保证最佳的冷却效果，应该尽量使散热器前面的气流速度均匀，同时要减小由于气流在冷却导管中的动量损失而引起的阻力增加。当自然通风的空气流量不足时，必须使用风扇来弥补，散热器和风扇必须匹配。

(3)车室内流场：车室内的气流主要有以下几个作用，即①保证通风效果，使驾驶室内的污染空气和尘土排出，同时更新呼吸消耗的氧气；②在汽车外部环境发生极大变化时，要保证驾驶室内的环境舒适，冬季要有暖风系统，夏季要有冷风系统，同时，通过驾驶员附近的气流不能使驾驶员产生不适的感觉；③内部气流必须要流过车窗，确保在冬季时的除霜和除雾效果，以保证驾驶员具有良好的驾驶视野。

驾驶室内的气流应与外界天气、车速以及发动机的运行状态无关，气流流动时产生的噪声应尽可能小，车身上的空气进出口位置应保证在极限状态下，雨水也不能进入车内。

(4)内外部耦合流场：汽车的外部流场和内部流场并不是互相孤立的，通过发动机舱的气流，最后也要经由底盘的缝隙进入外部流场中，这必然会对外部流场的气流带来一定的影响。以往在研究外部流场时忽略了内部流场的影响，尤其是在对气动阻力进行数值计算时，只考虑了整车的外流场，这会给计算结果的精度带来一定的影响。目前，随着计算机技术的发展，在数值计算时构建的网格数目越来越多，已经能

够把内外流场的网格全部包括进来，并完整表达局部的细节特征，考虑到了内流阻力以及内部气流对外部流场的影响，这样计算出来的结果，精度更高一些。

6.2.2.2 汽车气动阻力分类与特性

气动阻力的方向与汽车的行驶方向相反，在工程上可以认为由压差阻力、摩擦阻力、干涉阻力、诱导阻力和内流阻力组成。

(1)压差阻力：是由于空气的黏性作用，导致汽车前后部产生压力差而形成的，是气动阻力的主要组成部分，占汽车总气动阻力的50%～65%。

(2)摩擦阻力：是由于空气的黏性作用在车身表面上产生切向力而造成的，占汽车总气动阻力的6%～11%。

(3)干涉阻力：是由不平整的车身外部各零部件、凹凸和缝隙等引起的气流干涉而形成的，占汽车总气动阻力的5%～16%。汽车的外表面有若干附件，包括装饰件、后视镜、门把手、流水槽、挡泥板、刮水器和天线等，这些附件不仅本身存在气动阻力，而且它们被装配到车身上时，会影响周围附近的气流流态，从而产生附加的气动阻力，这种现象称为空气动力学干涉。

(4)诱导阻力：是升力诱导产生的水平分力，占汽车总气动阻力的8%～15%。由于汽车车身上下的压力差，在车身表面也会产生附着涡和在尾部形成左右两个反向的尾涡，根据前面所述的原理可知行驶中的汽车也会产生诱导阻力。

(5)内流阻力：内流是相对于外表面流动而言的。对于汽车来说，用于冷却发动机、冷却制动器和驾驶室内的通风空调的气流均为内流，这部分气流在流动过程中会损失本身的能量，从而形成内流阻力，占汽车总气动阻力的10%～18%。

在研究动力舱的问题时，首先进行理想情况的理论分析，将冷却气流从进风口到出风口看作是完全没有泄漏的，冷却气流所产生的气动阻力，实际上就是由于冷却气流流经系统内的管道而造成的总的动量损失，然后再估算与真实汽车冷却系统的实际误差。实际上，发动机舱的出风口面积很难确定，因为气流进入发动机舱以后，主要是从底部缝隙和发动机舱盖四周发散出去。

对于车室内的流动来说，其不仅与进风口和出风口的位置和面积有关，而且与驾驶室内的布置相关，同时与是否开窗及开几个窗都有十分密切的关系，需要具体情况具体分析。

不同车型的气动阻力系数有一定的差异，气动阻力系数大致范围如表6－1所示。

表6－1 不同类型汽车气动阻力系数的范围

汽车类型	C_D 范围	汽车类型	C_D 范围
小型运动车	0.23～0.45	载货汽车	0.40～0.60
小轿车	0.30～0.50	公共汽车	0.50～0.80

目前，轿车的气动阻力系数已经降到了0.30左右，一些空气动力优化较好的汽车阻力系数已经降到0.15～0.20。

6.2.3 汽车热管理系统

汽车热管理系统从系统集成和整车角度出发，统筹整车热量与环境热量，采用散热、加热、保温等手段，让不同的零件都能工作在合适温度，以保障汽车的功能安全和使用寿命并改善汽车各方面的性能。传统汽车热管理系统主要有发动机、变速箱冷却以及空调；新能源汽车热管理系统则包含电机电控、电池及乘员舱空调等。

6.2.3.1 汽车热管理系统组成及功能

1. 传统汽车热管理系统基本组成及功能

如图6－5所示，传统汽车热管理系统由各子系统的各个部件和传热流体组成。部件包括换热器、风扇、冷却液泵、压缩机、节温器、传感器和各种管道等；传热流体包括大气、冷却液、机油、润滑油、废气等。这些部件和流体协调工作以满足车辆散热和温度控制要求。

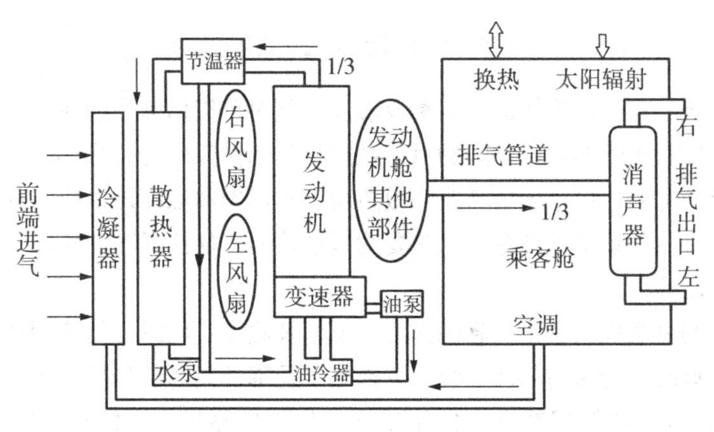

图6－5 传统汽车热管理系统

整车运行与环境状况：主要用来定义动态的车辆工况（车速、点火状态、路面坡度等）和环境状况（环境空气温度、太阳强度和路面温度等），还用来定义 HVAC 模块的控制装置（风扇状态等），可为每个模块定义初始温度场。整车温度场如图 6－6 所示。

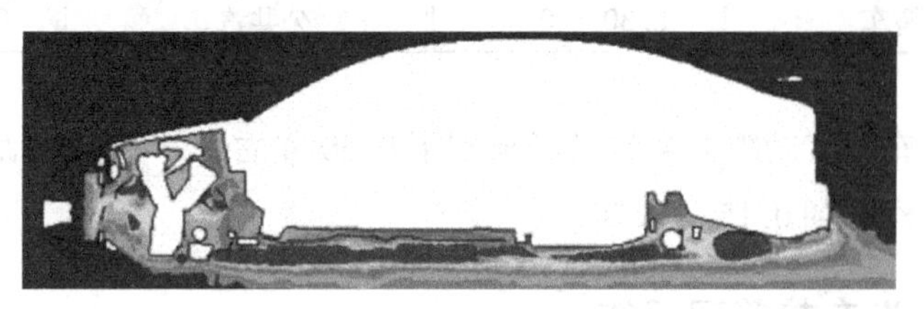

图 6－6　整车温度场

（1）发动机热管理系统：用于估算发动机通过冷却水和机油散去的热量，主要包括燃烧产生的热及热交换，发动机部件间的导热，发动机部件与冷却水、机油和空气之间的对流换热、摩擦热等。发动机缸内和机体温度场如图 6－7 所示。

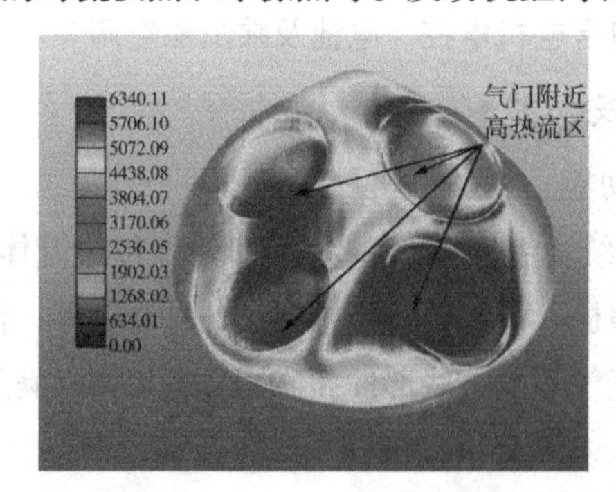

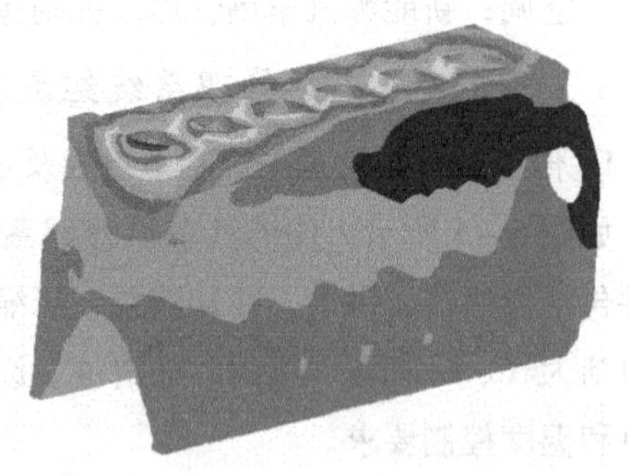

图 6－7　发动机缸内和机体温度场

燃油系统：用于估算燃油的流量及温度，同时可以估算燃油系统本身的温度变化情况，也可估算出燃油与部件间的对流换热量及部件间的传导换热量。

发动机冷却系统：用于估算流经散热器、加热器和油冷器的冷却剂流量，从而估算发动机通过冷却系统的散热量，需要测试散热器、加热器和油冷器这些部件的换热性能曲线和压降曲线。

发动机润滑系统：用于估算润滑油的流量及温度，同时可估算润滑系统本身的温度，也可估算出润滑油与部件间的对流换热量及部件间的传导换热量。

（2）发动机舱热管理系统：含前端进气与空气侧循环。发动机舱内温度场如图 6－8所示。

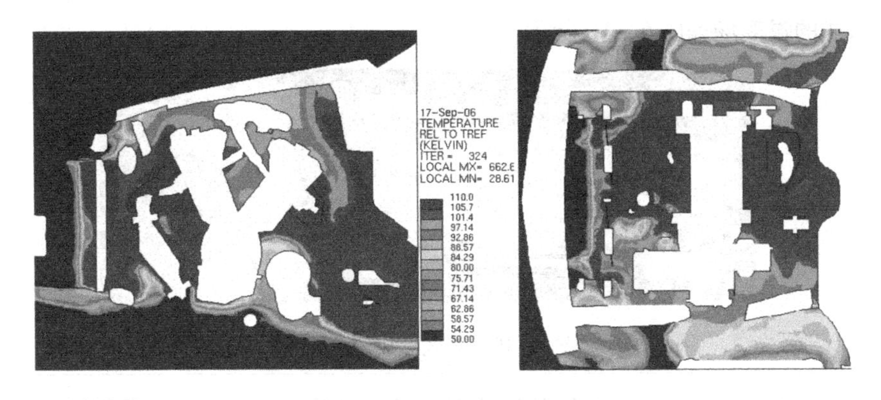

图 6－8　发动机舱内温度场

前端进气系统：主要研究流经热交换器的冷却风量(需要风洞试验或热交换器和风扇的特性曲线、冷却液温度、车速、风扇挡位等)。

空气侧循环：用于估算流经发动机舱及 HVAC 模块的气流速度与温度。

(3)车室热管理系统：用于估算乘客舱内的空气、部件及人体的表面温度。车室内温度场如图 6－9 所示。

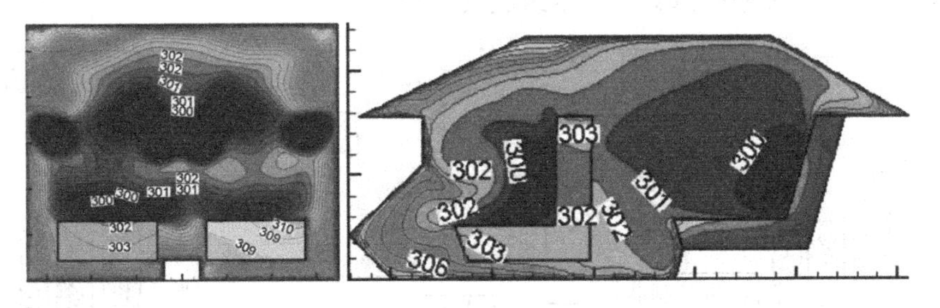

图 6－9　车室内温度场

车室内热交换主要包括太阳辐射、内部空气与内表面的对流换热、内表面的辐射换热、内部空气的水平对流与混合、外部空气与外壁面的对流换热、外壁面与车辆其他部件的辐射换热及内外壁面间的传导换热。需要定义主要壁面的面积、换热方式、热阻、传导率、辐射率及太阳辐射的吸收性能、太阳辐射的方向角和穿透率、玻璃的厚度等参数，还需要指定空调进出气流的流量与速度分布等。

空调循环系统：用于估算冷凝回路的换热量及回路中冷凝剂的压力、温度和质量流率(需要提供冷凝剂的性能数据)。

(4)排气热管理系统：用于估算尾气向排气系统设备的散热量，主要包括排气系统内外流动的对流传热、排气系统部件固体壁面的热传导散热和外界的辐射散热等。

排气形成的温度场如图6-10所示。

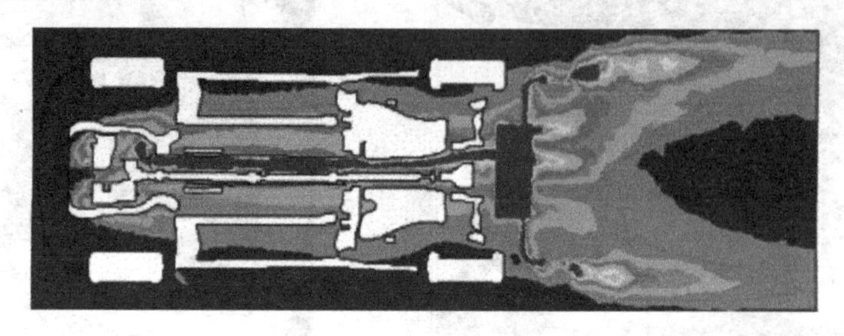

图6-10　排气形成的温度场

变速器系统回路：用于估算从油冷器流经变速箱的冷却油的流量及温度，同时可以估算变速箱部件的温度、部件间的传导换热量、冷却油与部件间及车辆底盘与变速器间的对流换热量。冷却油流量随变速箱工况变化的函数关系可由变速器生产厂商提供，油冷器的换热与压降性能曲线可由油冷器厂商提供。

刹车系统：用于估算经刹车系统冷却油的流量及温度，同时可估算刹车系统本身的温度，也可估算冷却油与部件间的对流换热量、部件间的传导换热量。

2. 新能源汽车热管理系统基本组成及功能

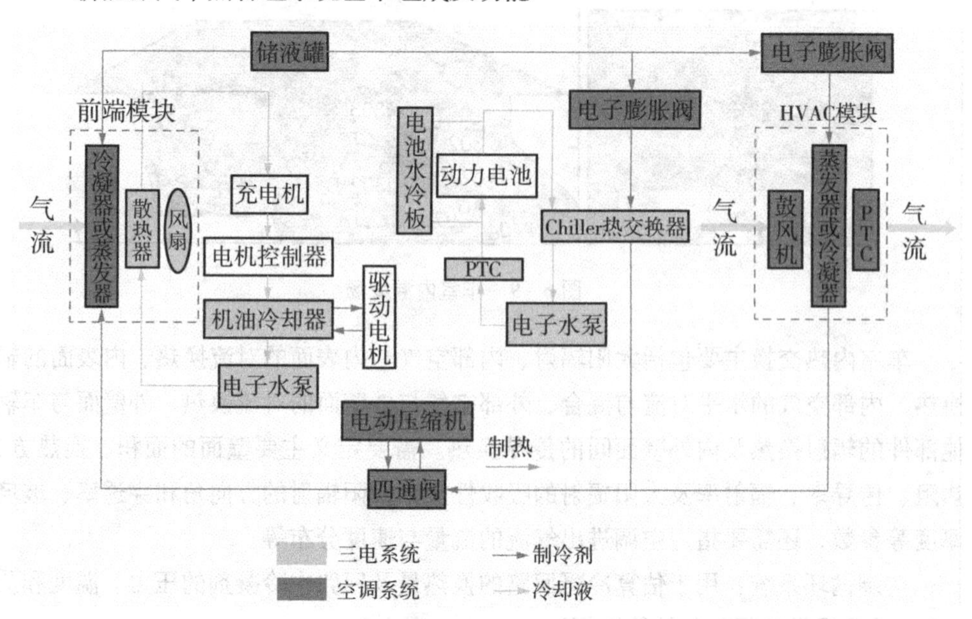

图6-11　新能源汽车热管理系统

如图6-11所示的新能源汽车热管理系统主要由以下几个部分组成：

(1)动力电池：以冷媒制冷(制冷剂，通过冷媒实现热量的搬运。在此过程中，冷媒先接受冷量而降温，再由冷媒冷却其他的被冷却物质)或液冷方式冷却，靠利用发动机余热(插电混动车辆)或者 PTC 加热。基于不同的冷却介质主要分为风冷、液冷、相变材料和热管冷却。不同的冷却方式其原理和系统结构大有不同。

①风冷：通过空气的流动使电池组与外界空气进行对流换热。风冷一般分为自然冷却和强制冷却，自然冷却是汽车行驶过程中外界空气对电池组进行冷却，强制风冷是加装一个风机对电池组进行强制冷却。风冷的优点是成本较低，便于商业化应用，缺点是散热效率较低，空间占用比大，噪声问题严重。

②液冷：通过液体的流动使电池组的热量被带走。因为液体的比热容比空气的比热容大，所以液冷的冷却效果要优于风冷，冷却速度也快于风冷，对电池组散热后的温度分布也比较均匀。因此，液冷冷却也被大量应用于商业，但是液冷冷却也存在漏液风险，复杂性相对较大，维护成本高的缺点。

③相变材料冷却：相变材料(phase change material，PCM)有石蜡、水合盐、脂肪酸等，在发生相变时可以吸收或释放大量潜热而自身的温度保持不变。因此，PCM 具有较大的热能储存容量，同时也无需额外的能量消耗，被广泛应用于手机等电子产品的电池散热中，但是对于汽车动力电池的应用仍处于研究状态。相变材料存在导热率低的问题，导致 PCM 与电池接触的面熔化，而其他的部位未熔化，降低了系统的换热性能，不适合大尺寸的动力电池。如果能解决这些问题，PCM 冷却会成为新能源汽车热管理系统最具潜力的发展方案。

④热管冷却：热管是一种基于相变传热的装置，也是一个充满饱和状态工作介质(水、乙二醇或丙酮等)的密封容器或密封管道。热管的一端为蒸发端，一端为冷凝端，既可以吸收电池组的热量又可以对电池组进行加热，是目前最理想的动力电池热管理系统，但仍处于研究状态。

⑤制冷剂直接冷却：直接冷却是利用 R134a 制冷剂等蒸发吸热原理，将空调系统的蒸发器安装在电池箱中使电池箱快速冷却的一种方式。直冷系统冷却效率高，制冷量大。

(2)电机冷却系统：主要使用液冷方式，依工质不同分为水冷和油冷。

①电子膨胀阀：用于流量控制的先进节流设备，利用被调节参数产生的电信号，控制施加于膨胀阀上的电压或电流，进而达到调节供液量的目的。

②电池冷却器：新能源汽车热管理系统中的一个关键部件。它的作用在于引入空调系统中的冷媒，在膨胀阀节流后蒸发，吸收电池回路中冷却液的热量，在此过程冷媒通过热交换将冷却液的热量带走，从而给电池降温。

新能源汽车在工作时由于电机和各种电控元件都会产生热量，电机在将电能转化为机械能的过程中也有一大部分被转化为热能。电机和电控系统温度过高就会严重威胁到电机及控制系统的使用寿命和运行的可靠性，因此，需要对电机和电控系统进行降温，以保证其良好工作。在汽车上被应用最广泛的还是风冷、液冷这两种方式。

①电机、电控风冷：其风冷换热通常使用翅片来加大其换热面积，使换热效率变高，工艺简单，价格低廉，在小型电机上的应用广泛。电机、电控的风冷系统和动力电池的风冷系统一样都可以分为自然风冷和强制风冷，一种是自然风直接与电机、电控进行换热，另一种则是加装一个风机对电机、电控进行强制风冷措施，其中风机的功率可以根据电机的功率发热量进行选择。

②电机、电控液冷：液冷系统就是围绕电机布置一条封闭的管道，采用循环流道的方式持续对电机散热，其中液冷的冷却液一般有四种，即水、变压油、水和乙二醇混合液(体积分数 35%)、水和乙二醇混合液(体积分数 50%)。电机液冷的管路图有4 种。

③蒸发冷却技术：蒸发冷却技术最早由荷兰的科学家提出，我国从 1958 年开始研究蒸发冷却技术，至今已有60 多年的时间。蒸发冷却技术一直被用于建筑领域、数据中心和水电站的大型水轮发电机冷却，其中三峡地下电站有两台机组采用以 HFC－4310 为介质，利用高绝缘、低沸点液体沸腾吸收汽化潜热进行冷却的自循环冷却系统，该系统被用在700 MW 的巨型水轮发电机上属世界首例。蒸发冷却技术基本上没有被用在小型电机上，例如纯电动汽车的驱动电机上没有使用过蒸发冷却技术。因此，蒸发冷却技术应用于新能源汽车的制冷是一个新的应用领域。

(3)车室热管理系统：主要靠空调冷媒制冷、PTC 加热或热泵空调制热的方式。

6.2.3.2　汽车热管理系统的研究方法及特点

汽车热管理系统是一个十分复杂的系统工程，同时包含传导、对流和辐射 3 种传热方式，汽车热管理系统中内外流动、受热部件、变温处于一种复杂的相互影响、相互作用并随发动机工况与车辆工况不断变化的状态之中。汽车热管理系统的研究是汽车开发过程中最根本也是最重要的环节之一。其研究方法主要包括 3 种：解析法、试验方法与数值模拟方法。

(1)解析法：由于汽车热管理系统几何形状、热源和边界条件的复杂性及目标要求的多样性，目前还无法得出解析解。

(2)试验方法：目前采用的试验方法主要有表面温度测量法、热电模拟法和光学法。

①表面温度测量法：利用测温元件对瞬变温度的高度敏感特点，测量燃烧室和排气系统壁面温度在一个工作循环内的变化，进而求解燃气及尾气与壁面间的热交换。人们运用该方法可进行实际车辆局部瞬态传热研究，而且薄膜传感技术的发展使测量精度不断提高，响应时间在1 ms以内，因此迄今应用最广泛。

②热电模拟法：利用热敏电阻对温度的高响应特性，设计专门的测量电路，可测量由热敏电阻随瞬态温度波动转换成的电压信号，进而求得导热相似解。根据制作模拟的材料不同可把电模拟测试分为3类，即导电纸法、电解槽模拟试验、电阻网络模拟试验法。和其他方法比较，该方法的热敏电阻信噪比高，可测量微小的温度波动，但安装和测量较复杂。

③光学法：利用激光通过窗口时形成光学散斑获得气相折射信息，利用光学特性和近壁气体状态的相互关系，得到近壁气相层的温度分布。人们运用该方法可以获得缸内边界层信息，有利于从机理上研究缸内传热及气体流动、燃烧和排放之间的相互影响规律。

总体来说，通过实验得到热管理系统零部件表面温度的方法直观而准确。根据试验数据的累积，人们总结了许多经验公式，并在车辆设计的初期用来估算车辆各受热部件的热负荷，这些数据和公式是理论和数值研究的前提和基础，但对于汽车热环境状况具有一定盲目性，往往导致设计—生产—实验验证—改进—再试验—再改进……这一流程循环次数过多，设计的一次成功率不高。实验方法也非常复杂，可操作性较差，而且只能获得测量点的温度，难以得到全面而完整的流场和温度场参数及瞬态温度场。

(3)数值模拟方法：该方法已经越来越多地应用到汽车热管理系统的研究中，弥补了试验方法的诸多不足之处，大大地推进了汽车热管理系统数值研究的进程。其优点主要表现在：

①可预先研究。在汽车开发过程中对汽车热管理系统进行预先研究，从而得到最佳的系统集成匹配，在设计初期阶段就能对汽车性能和热管理效果进行预测、分析和优化，为车辆设计、匹配优化和集成提供依据。

②无条件限制。可在广泛的气候条件和车辆工况范围内对其性能进行研究，无气温、气压和极限工况等条件限制。

③信息丰富。可在较广泛的流动和传热参数范围内对发动机及车辆各个工况下的热管理系统性能进行研究，并获得完整、全面的温度信息，有些甚至是目前试验难以测量和解释的信息。

④成本低和周期短。与传热研究相关的传感器、实验台架等实验设备价格昂贵，

课题研究投资大，实验周期长，而数值研究则相对成本低，周期短。

数值研究是对物理现象进行简化后计算得到的结果，需要进行验证；对计算机性能要求比较高，一次性硬件和软件投资大；要求专业性人员。

6.2.3.3 汽车热管理系统新技术

汽车热管理系统新技术主要包括集成化、模块化、热泵空调和 CO_2 冷媒制冷等。

(1)热管理系统的集成化和模块化

在传统分散式热管理系统中，电池、电机电控和空调系统回路彼此独立，各自有一套完整的温控和管路系统。某一系统用电加热系统制热的同时另一部件或系统也在对外散热，使能量利用不充分。同时系统管路复杂，零部件多，给制造和维护带来一定问题。

集成式热管理系统则是利用多通道阀门或管路，将电池、电机电控和空调系统中某些或全部回路均连通，形成一个大循环回路。热管理控制器根据各部件的温控需求，控制压缩机、加热器、阀体等部件的开启或关闭，改变循环回路，统筹热量管理，减少能量的浪费。但系统集成度高，控制复杂，控制难度较大。

随着汽车行业向高度智能化方向发展，对于能量利用的要求也越来越高。相比于传统燃油汽车，困扰新能源汽车的一大痛点为航程短。为了节约汽车电池的每一部分能量，对新能源汽车的能量管理提出了更高要求。从整车层面对汽车的各个子系统进行集成化管理将成为新能源汽车热管理系统发展的趋势。

(2)热泵空调取代传统 PTC 加热器

由于新能源汽车没有了发动机热源，空调系统高效运转需要额外的热量补充。目前新能源汽车行业普遍使用的制热方案是 PTC 加热器方案。但一般的 PTC 加热器每小时耗电在 6 kW 左右，严重影响电动汽车续航。

能效系数更高的热泵空调是未来空调系统的发展趋势。热泵通过制冷剂的气液转换，将空气中的热量转化为自身的内能，COP 值比 PTC 加热高出 2～3 倍，可以有效延长 20% 以上的续航里程，即使在极低温度条件下，仍可保证 COP 大于或者等于 1，而 PTC 能效系数则一般小于 1。

(3) CO_2 冷媒制冷技术应用

目前以化学合成工质为代表的 R1234yf 和以天然工质替代的 R744(CO_2)是新能源汽车制冷技术两个主要方向。CO_2 冷媒成本低，无污染，并且由于其沸点更低，低温下制热效率强于 R1234yf。

6.3 汽车阻力虚拟风洞试验

汽车空气动力学试验主要包括道路试验和风洞试验，能够解释汽车周围复杂流场的流动本质，也可以验证理论分析和计算结果。道路试验主要用于样车生产出来以后的性能验证，不仅受到道路和气候等诸多因素的干扰，而且各种仪器设备在汽车中携带与安装也不容易。汽车开发中需要道路试验与风洞试验相互配合。

6.3.1 汽车风洞试验

1. 汽车风洞试验目的

风洞试验主要用于前期开发，为了选择最佳的气动外形，必须进行比例模型和全尺寸模型的风洞试验，可测试的性能包括空气动力稳定性、升力、空气阻力、通风、气流噪声、发动机和传动装置的散热、风窗雨刮器的功能、汽车的气候环境适应性等。

通过风洞试验，可以使学生：①揭示汽车周围复杂流场的流动本质，在样车定型前要进行大量的实车气动力试验，提供空气动力特性数据，作为汽车设计的依据；②验证汽车空气动力学理论结果，在理论分析和计算中，一般都要对研究对象进行必要的简化，然后建立方程并求解，最后得出结论。

2. 汽车风洞试验原理

汽车风洞试验是依据运动的相对性原理，将汽车固定在风洞中不动，通过风机提供不同速度的气流与汽车产生相对运动的实验，以保证汽车周围流场与真实流场之间的相似，即除保证模型与汽车几何相似以外，还应使两个流场有关的相似准数，如雷诺数、马赫数、普朗特数等对应相等。实际上，很难保证这些相似准数全部相等，在汽车风洞试验条件下一般只要求主要相似准数雷诺数相等或达到自准范围。如果未能满足雷诺数相等而导致的实验误差，有时也可通过雷诺数修正予以消除，风洞壁面和汽车支架对流场的干扰也应修正。汽车风洞实验主要测量气流参数，观测随风速变化汽车周围的流动现象和状态，测定作用在汽车表面上的气动力等，从而判断汽车的外形设计是否符合空气动力学原理，实现汽车外形优化设计、减少风阻、提高行车安全性、降低噪声的目的。

3. 汽车空气动力学开发程序

近年来随着经济的发展，汽车的保有量越来越大，各家汽车公司都加快推出自己的新车型以占有市场，每款新车型的开发都要经历大量的空气动力学研究。在每款新车型的整个开发过程中，风洞试验一般需要4个步骤：①在初期造型工作完成后，要将几个缩比模型方案同时进行风洞试验，从中选择出一个最佳的方案；②将选定的模型方案进行空气动力学修正，然后反复进行风洞试验，直至定型；③将定型的缩比模型制成1∶1模型进行风洞试验，同时要添加刮水器、后视镜以及天线等外露附件；④进行整车风洞试验，除了常规的空气动力性能试验外还要进行气候变化试验。可见空气动力学研究贯穿于整个新车设计的始终，为了设计最佳的气动外形，要耗费巨资进行多次风洞试验。

6.3.2 汽车虚拟风洞仿真试验系统

1. 虚拟风洞开发目的

实际汽车空气动力学风洞实验的投入与运行维护成本非常高，造成学生难以深入了解、开展汽车空气动力学阻力实验。

如图6－12所示，汽车空气动力学阻力虚拟风洞仿真实验利用虚拟仿真技术与多通道交互手段，重建虚拟仿真汽车风洞实验，呈现汽车风洞实验的真实场景，演示行驶过程中汽车周边各处压力、速度与流线等参数的变化，寻找汽车与周围空气在相对运动时的相互作用力关系和运动规律，用于解决空气动力性能和气动噪声等问题，指导汽车造型设计，从而开展汽车空气动力学虚拟仿真实验教学，解决空间、硬件的限制，为学生提供汽车空气动力学阻力的虚拟仿真实验平台，使学生增加学习兴趣，了解实验原理，掌握实验操作，创新实验思维。

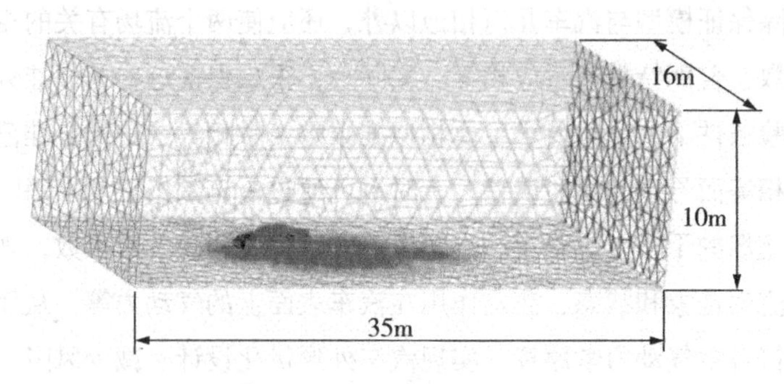

图6－12　汽车空气动力学阻力虚拟风洞

通过本软件，可以使学生：①了解汽车空气动力学风洞实验及基本原理；②熟悉汽车空气动力学流场结构、汽车气动阻力的作用原理；③掌握汽车空气动力学阻力构成、阻力评价指标及阻力系数计算方法；④培养汽车空气动力学基础研究和减阻优化设计方法；⑤提高自主学习和研究汽车空气动力学的专业素质。

2. 汽车虚拟风洞实验系统要求

(1)计算机硬件配置：主频为2.5Ghz，内存为4GB，显存为1696MB，存储容量为100G，显示器分辨率为1920×1080，输入设备为鼠标、键盘。

(2)用户计算机操作系统和版本：操作系统为Windows7 64位或以上版本。

(3)浏览器：火狐浏览器。

3. 虚拟风洞实验系统的初始化与使用

(1)通过在线访问汽车空气动力学阻力虚拟风洞实验网页，或下载软件后双击软件图标“Virtual Wind Tunnel”，如图6－13所示。

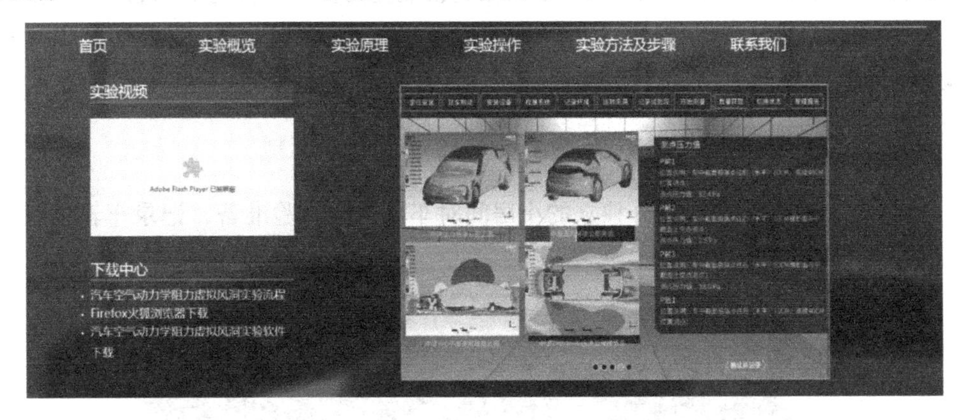

图6－13　汽车空气动力学阻力虚拟风洞实验界面

(2)进入软件后，系统将自动选用最佳的屏幕分辨率、显示质量。

(3)进入欢迎界面，首先系统显示键盘操作说明，鼠标左键点击右上角“x”关闭操作说明，即可进入实验界面；实验界面首先会显示实验概况简介，阅读了解实验后点击“进入实验”按钮，即可正式开始虚拟实验，如图6－14所示。

图 6-14　进入实验界面

(4)进入虚拟仿真实验场景，按住鼠标右键控制用户视角转动，使用鼠标左键配合进行相关操作，使用“←↑→↓”箭头按钮控制主角左移、前进、右移、后退。

(5)根据实验导航，控制主角进行实验，完成相关的步骤，并最终完成虚拟实验，形成实验报告。

6.3.3　气动阻力虚拟实验步骤

(1)车辆准备：在风洞外独立的小房间对车辆进行试验准备，记录车辆信息和状态，如图 6-15 所示。

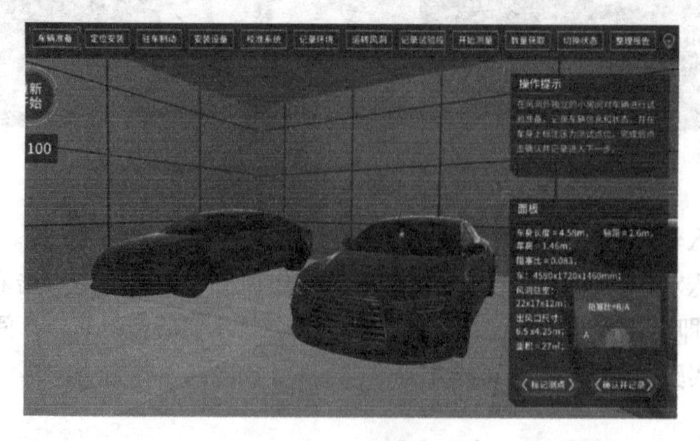

图 6-15　车辆准备

(2)定位安装：进入风洞，待测车辆位于试验段天平转盘的中心稍靠前位置，通过调整车身纵对称面与风洞中心对称面的夹角来实现定位安装，0°时车辆纵向中垂面与流场中垂面重合，要求误差在 ±0.1°范围内，如图 6-16 所示。

图 6－16　定位安装

(3)驻车制动：待测车辆通过自身的驻车制动进行固定，同时可利用车辆的变速箱(手动变速箱车型挂一挡，自动变速箱车型挂 P 挡)提供额外的制动力，如图 6－17 所示。

图 6－17　驻车制动

(4)安装设备：按操作提示进行皮托管的安装并固定，如图 6－18 所示。

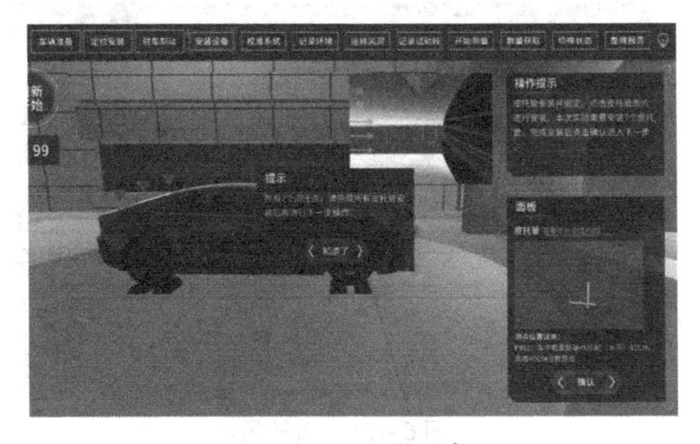

图 6－18　安装设备

(5)校准系统：调试测压系统，对轴向静压梯度、总压均匀性、静压均匀性、动压均匀性进行调试确认，如图 6－19 所示。

图 6－19　校准系统

(6)记录环境：测量试验段气候环境，温度保持在 20±2℃，相对湿度保持在 45%～75%，如图 6－20 所示。

图 6－20　记录环境

(7)运转风洞：调节风速并启动运转风洞，如图 6－21 所示。

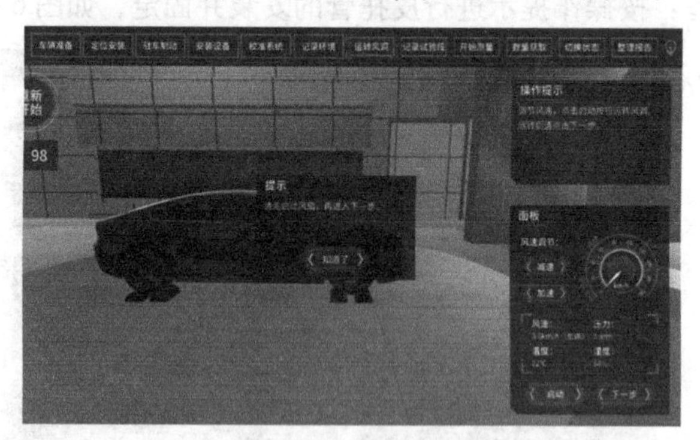

图 6－21　运转风洞

(8)记录试验段：记录试验段的流场品质参数指标，并完成选择题，如图6－22所示。

图6－22　记录试验段

(9)开始测量：等待测量过程，如图6－23所示。

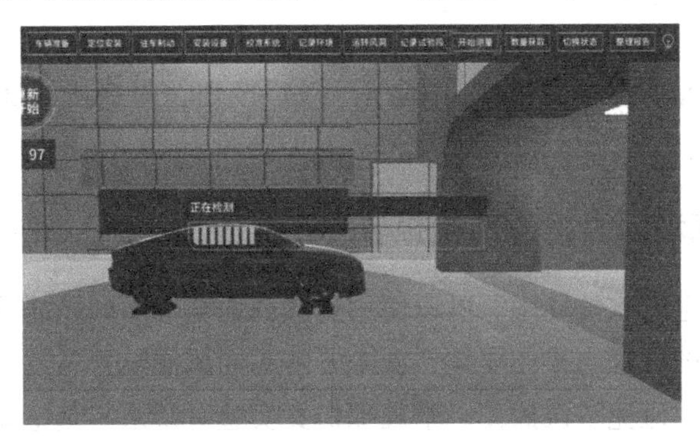

图6－23　开始测量

(10)数据获取：待测量完成后，获取实验数据，如图6－24所示。

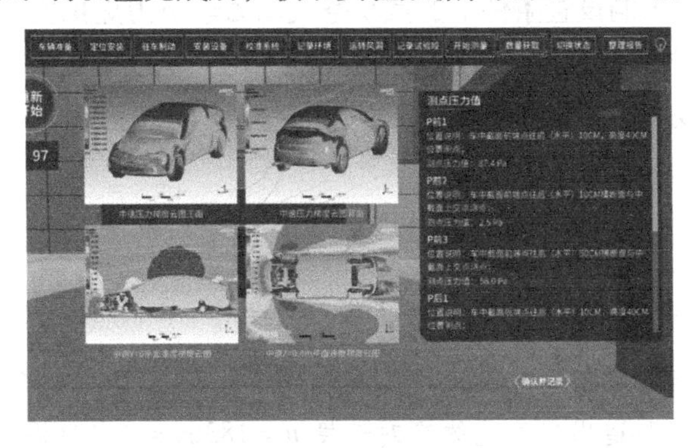

图6－24　数据获取

(11)切换状态：保持实验环境不变，切换实验预设风速，如图 6－25 所示。

图 6－25　切换状态

(12)整理报告：预览实验报告，下载实验报告文档，进行实验报告填写。

至此，完成一次汽车空气动力学阻力实验。用户可选择切换实验状态，在不同风速下多次进行实验测量，或者点击“重新开始”按钮，重新进入实验。重复操作以上步骤，直至掌握。

6.3.4　气动阻力虚拟实验报告

通过 5 次完整的软件使用，可以使用户直观地掌握不同风速下的汽车空气动力学阻力实验过程中的原理与操作要领，深入了解不同风洞设置条件下的汽车阻力，掌握工艺过程的难点，避免错误操作。本虚拟仿真实验对结果与结论要求如下：

(1)要求用户在实验过程中，能够准确设置相关环境参数，准确安装测量工具，正确完成实验步骤。

(2)完成不同风洞设置条件下的汽车空气动力学阻力虚拟实验后，能够准确回答出实验的原理、方法、操作步骤以及实验数据。

(3)独立完成实验报告并提交。

习　题

6－1　简述声速方程的推导过程。

6－2　简述马赫数的定义及流动区域分类。

6－3　已知某管道出口气流的绝对速度 $u=183\text{m/s}$，出口温度 $T=50.8℃$，气体常数 $R=288\text{J/(kg·K)}$，质量热容比 $k=1.4$，试求出口气流的马赫数 Ma 为多少？

6－4　一个大容器内空气的温度为27℃，容器内的空气经一条管道等熵地流出至温度为17℃的大气中，求气流的速度。

6－5　子弹在15℃的大气中飞行，已测到其头部的马赫角为40°，求子弹的飞行速度 u。

6－6　一元等熵空气气流某处的流动参数 $u = 150\text{m/s}$，$T = 288\text{K}$，$p = 1.3 \times 10^2$ Pa，求此气流的滞止参数 p_0、ρ_0、T_0、c_0。

6－7　压缩空气从气罐进入管道，已知气罐中压强 $p_0 = 7\text{atm}$，$T_0 = 70℃$，气罐出口处 $Ma = 0.6$，试求气罐出口处的速度、温度、压强和密度。

6－8　已知一飞机在观察站上空，$H = 200$ m，以速度1836 km/h飞行，空气的温度 $T = 15℃$，求飞机飞过观察站正上方到观察站听到飞机的声音要多少时间？

6－9　二氧化碳气体作等熵流动，某点的温度 $T_1 = 60℃$，速度 $u_1 = 14.8\text{m/s}$，在同一流线上，另一点的温度 $T_2 = 30℃$，已知二氧化碳的 $R = 189$ J/(kg·K)，$\gamma = 129$，求该点的速度。

6－10　空气作等熵流动，已知滞止压强 $p_0 = 490$ kPa，滞止温度 $T_0 = 20℃$，试求滞止声速 c_0 及 $Ma = 0.8$ 处的声速、流速和压强。

6－11　储气室的参数为：$p_0 = 1.52$ MPa，$T_0 = 27℃$，空气从储气室通过一收缩喷管流入大气，设喷管的出口面积 $A_e = 31.7\ \text{mm}^2$，背压 $p_b = 101$ kPa，不计损失，试求：

(1)出口处压强 p_e。

(2)通过喷管的质量流量 Q_m。

6－12　已知定常一元等熵气流某一截面上的速度为142 m/s，温度为17℃，压强为 1.3×10^5 Pa，求气流的滞止温度、滞止压强和滞止密度为多大？(空气的 $R = 287$ J/(kg·K)，$k = 1.4$)

6－13　简述汽车行驶过程中的阻力，其中气动阻力有哪几种，并分析各种气动阻力的成因。

6－14　简述汽车气动力表达式，并分析行驶过程中汽车气动阻力与车速、迎风面积的关系。

6－15　简述汽车在行驶过程中气动阻力所消耗的功率与车速的关系。

参考文献

[1] 王家楣．流体力学[M].3 版．大连：大连海事大学出版社，2010.
[2] 侯国祥．流体力学[M]．北京：机械工业出版社，2015.
[3] 张国强，吴家鸣．流体力学［M］．北京：机械工业出版社，2005.
[4] 张兆顺，等．流体力学[M]．北京：清华大学出版社，2006.
[5] 吴望一．流体力学[M]．北京：北京大学出版社，2021.
[6] 罗惕乾．流体力学[M].4 版．北京：机械工业出版社，2017.
[7] 张鸣远，等．高等工程流体力学[M]．北京：高等教育出版社，2012.
[8] 杨建国，等．工程流体力学[M]．北京：北京大学出版社，2010.
[9] 刘鹤年，刘京．流体力学[M].3 版．北京：中国建筑工业出版社，2016.
[10] 韩国军．流体力学基础与应用[M]．北京：机械工业出版社，2012.
[11] 毛根海．应用流体力学[M]．北京：高等教育出版社，2009.
[12] (美)E. 约翰芬纳莫尔，约瑟夫 B. 弗朗兹尼，等．流体力学及其工程应用［M］．北京：机械工业出版社，2006.
[13] 吴兴军．汽车空气动力学[M]．北京：人民交通出版社，2022.
[14] 张英朝．汽车空气动力学数值模拟技术[M]．北京：北京大学出版社，2011.
[15] 王从飞，曹锋，李明佳，等．碳中和背景下新能源汽车热管理系统研究现状及发展趋势[J]．科学通报，2021，66(32)：4112－4128.
[16] 李栋军．纯电动汽车电驱电控热管理系统及余热回收系统研究[D]．重庆：重庆大学，2021.
[17] 王晨阳．基于模型预测控制的电动汽车热管理系统控制策略[D]．重庆：重庆大学，2021.